U0010236

【文件 ・ 手冊 ・ 筆記本】的
圖解整理術

工作上 85% 的錯誤可以靠整理術解決！

ORGANIZATION METHODS FOR FILING,PLANNERS AND NOTEBOOKS

作者：SANCTUARY BOOKS

譯者：陳惠莉

前言

工作上有85％的錯誤可以靠整理術獲得解決

目前市面上出版了許多以整理術為重點的書籍。本書雖然使用同樣的名詞，但是就意義上來說，多少是有些許差異的。本書網羅了以下所介紹的3種整理術，目的在解決商場上所面臨的錯誤。第一個整理術是「以建檔術來整理文件」，目的是塑造一個一眼就可以知道文件的放置場所的工作環境。第二個整理術是「以手冊術來整理情報」，不但可以按照計畫來推動工作，而且還可以累積創意，提升工作的品質。第三個整理術是「以筆記術來整理思緒」，可以讓我們客觀檢視腦海中的情報，使自己的想法清晰明確，知道該採取什麼樣的行動。透過多角化地熟練整理術，就可以做到本書的封面所寫的「工作上有85％的錯誤可以靠整理術獲得解決」。如果你有想要解決的錯誤，請務必仔細閱讀本書。

本書的使用方法

☑ 檢視 CHECK

重要的事情在透過電話之後要寫電子郵件或傳真確認

截止日或訂購數量等重要的事項或與數字相關的事情，為防誤聽，一定要用電子郵件或傳真進行再度確認。因為形諸於文字，雙方就不會有「說了‧沒說」的爭執麻煩。

說明在執行有效的整理術時最好事先知道哪裡是重點，讓沒有預備知識的人也可以一目瞭然。

✕NG NO GOOD!!

注意勿過度使用彩色透明資料夾

過度使用彩色透明資料夾，就無法掌握優先順序。因為使用過度，就不知道哪個才是比較重要的。在使用時，最好盡量控制數量。

介紹經常執行的事情所該注意的事項。在實際運用整理術時，要同時注意這件事。

))) 採訪 上司‧先進篇 INTERVIEW

Q 什麼事情做建檔可以有助於工作的進行？

「經常做建檔的作業，就可以減少手上的文件數量，如此一來就知道哪裡放了什麼東西。結果，腦袋會變得比較清晰，可以提高工作的速度和精準度。」

介紹針對在商場上極為活躍的人們進行採訪、問卷調查的結果所獲得的情報。

∿ DATA 資料

Q 工作上所使用的道具是固定的嗎？

兩者皆非 14%
否 15%
是 71%

大部分的人都會使用固定的道具。只準備必要的東西，整備一個清爽的工作環境會是比較好的作法。

這是針對在商場上非常活躍的人所進行的問卷調查的結果。文中將解說從結果中可以讀取到什麼資訊。

INDEX

◼ FILING

以建檔術來整理文件

建檔所需要的道具宜控制在最低限度。此外，儲備消耗品也可以省略在東西用罄時必須去採購所耗費的手續和時間。

想要使工作進展有效率，建檔是不可或缺的一環。想要持續做建檔的工作，重點就是配合自己的工作風格，採用簡單而具機能性的方法。

如果工作環境堆滿了文件，就沒有辦法適時地找出所需要的文件。以這種觀點來看的話，廢棄不必要的文件對建檔而言是非常重要的工作。

使用透明檔案夾可以做好依主題區分文件，將之直立放置在固定位置的建檔基本工作。此外也同時介紹彩色透明檔案夾的使用方法。

想要提高文件或透明檔案夾的搜尋效果，索引是不可或缺的要素。此外，使用自粘便利貼可以補充、補強索引的不足。

INDEX

PLANNERS

以手冊術來整理情報

INDEX

INDEX

NOTEBOOKS

以筆記術來整理思緒

INDEX

FILING

以建檔術來整理
文件

INDEX

CHAPTER 1

1

建檔所不可或缺的道具

對建檔而言,重要的不是道具,而是了解系統

透明檔案夾或書擋等確實是有效建檔時所不可或缺的道具。但是,我們並不建議東買西買,把所有的東西都買來。如果在建檔時發現派不上用場的話,不但浪費金錢,最重要的是因為把該道具擺放在工作環境當中而壓縮了寶貴的建檔空間。要知道,對建檔的工作而言,最重要的並不是道具,而是了解、實踐系統。如此一來,應該就不會購買多餘的道具了。

☐ 選擇道具的原則

備齊最低限度需要的道具

不要在開始建檔之前,就把所有的道具買齊。因為可能會連不需要用到的東西都買回來,而且又佔用了寶貴的工作環境,這並不是一件很理想的事情。所以,一開始只要購買最低限度需要的道具,在進行建檔的作業當中,如果發現需要其他的東西,到時再去補購就可以了。

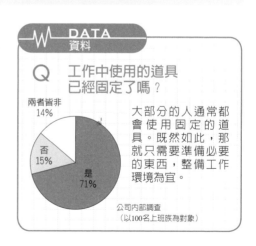

DATA
資料

Q 工作中使用的道具已經固定了嗎?

兩者皆非 14%

否 15%

是 71%

大部分的人通常都會使用固定的道具。既然如此,那就只需要準備必要的東西,整備工作環境為宜。

公司內部調查
(以100名上班族為對象)

□ 儲存道具，減輕壓力

需要用到透明膠帶時，才發現已經用完了。為了避免發生這種狀況，平常就要注意道具的存量，這是很重要的事情。

▌儲存
▌消耗品

避免工作中斷，儲存道具是
很重要的事情

道具必須隨時保存在固定的場所。萬一發生想要使用某種道具時才發現已經用完的狀況，工作就會被中斷，也會累積不必要的壓力。筆或膠帶之類的消耗品要隨時儲備適當的數量。但是，可能會劣化的物品則要注意勿屯積過多。

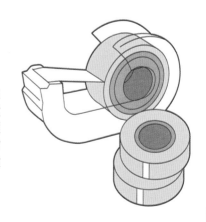

▌工作現場超過
▌一個以上時

塑造一個在任何地方都可以
使用所需道具的環境

有些人會在辦公室以外的地方長時間工作。這種人除了在辦公室之外，也要在另一個工作地點放置需要使用的道具。如果無法做到這一點，那就把必要的道具塞進專用的公事包裡面，隨時可以帶著走。舉例來說，如果只為了一枚迴紋針就得返回辦公室去拿的話，就等於是浪費了重要的時間。

沒有直尺……
得回辦公室
一趟……

□ 建檔時所需要的最低限度的道具

透明檔案夾

按照主題將文件分門別類，夾在透明檔案夾當中加以管理，這就是建檔。就這一層意義來看，這是最重要的道具。

書擋

用來將透明檔案夾直立起來管理使用。有時候可以用檔案盒或檔案盤來代替。

檔案盒

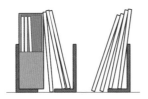

管理保管用的文件時，如果文件過多，無法夾進檔案夾當中時使用。分為直型和橫型兩種。

釘書機

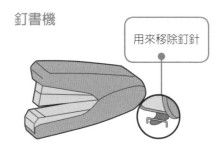

用來移除釘針

將複數個文件釘在一起時使用。經常要取下文件時，使用雙柄文件夾或迴紋針會比較方便。

✕NG NO GOOD!!

**不要過度依賴
高科技產品**

這個作業真的有必要嗎？

有人會用掃描機將所有的文件都加以資料化，但是有時候這樣做反而多浪費了時間。因為沒有真正了解建檔的系統，以至於連不必要的文件都掃描進去了。使用高科技的產品時，要明確地理解這一點之後再進行。

主題標籤

用來提高文件的搜尋效果。可以貼在透明檔案夾上，以便一眼就可以看出文件的區別。

隨身小包

用來整理公事包的內容物。用隨身小包將東西做分類，從公事包裡面拿出東西來使用時就很方便了。

盛盤

用來將辦公桌的抽屜內做個區隔。可以用盛盤來將東西做分類，方便立刻取出需要用到的東西。

名片盒

管理名片時使用。因為是以公司為單位，按照英文字母的順序將名片做分類，所以可以立刻取出需要用到的名片。

✔ 檢視 CHECK

避免花錢在道具上的方法

有人並不想將錢花在建檔時所使用的道具上。此時建議不妨到再生用品店或百圓商店去看看。一般而言，都可以在這種商店用很低廉的價格購買到需要的東西。相對的，一定也有人對道具有相當多的堅持。這種人最好不要在建檔之前就購買所有的道具，最好是在建檔的作業中再去購買所需要的物品即可。如果事先就準備好，卻發現事實上派不上用場時，就等於是浪費金錢了。

2

需要建檔的
理由

第一步是先了解不做建檔
所可能帶來的危險性

相信有很多人有過翻找了老半天卻始終找不到文件的經驗。那麼，有多少人會對這件事產生危機意識呢？舉例來說，假設有人每天花5分鐘的時間翻找文件。如果把這個時間換算成1年的話會怎樣？此外，如果不只計算找文件的時間，連找電腦裡的檔案、翻找名片的時間都一併算進去的話，花費的時間就更多了。也就是說，不做建檔的作業就等於是對工作帶來不良的影響。就這一點來考量，或許我們可以說，建檔是有效推動工作所需要的技能。

☐ 何謂建檔

有效推動工作的
建檔

本來所謂的建檔是指根據某種規則來整理文件。但是，本書所介紹的建檔不只是指文件的管理方法，還網羅了辦公桌的配置方法、電腦的檔案整理的方法，還有名片或公事包的整理方法等。這種想法來自於「只有與工作相關的所有事物都具備機能性之後，才能整備有效的工作環境」。

))) 採訪 上司・先進篇
INTERVIEW

Q 建檔對工作
有何幫助？

「養成每天建檔的習慣之後，手邊的文件數量便減少了許多，也知道什麼東西放在什麼地方。結果，腦袋變得清楚了許多，工作的速度和精準度也提高了。」

　　PASONA集團　人事部 31歲　男性

□ 建檔的優點

你想透過建檔的作業獲得什麼效果？只要明確這個目標，就會更加關注建檔這件事，效果也越發值得期待。

可以立刻拿出想要的文件

文件或檔案的擺放場所一目瞭然。結果，需要用到的文件或別人要求的文件都可以立刻找到。

頭腦經過整理，激發新的創意

由於工作環境經過整理，腦袋變得清晰許多。而新的創意也容易源源而生。

活用過去工作的 know how

只要井然有序地整理過去執行過的工作的資料，就有可能可以活用到新的工作上。

可以在沒有壓力的情況下投入工作當中

只要堆積如山的文件不見了，工作造成的心理壓力就會銳減，自然就能神清氣爽地投入工作當中。

□ 在未經整理的環境中工作的缺點

確認一下在未經整理的環境中工作會為工作帶來多少的阻礙。如此一來，應該就可以理解建檔有多麼地重要。

① 無法有效地
推動工作

② 失去四周人的
信任

始終找不到需要用到的文件或檔案。在日常生活中有過這種經驗的人尤其要特別注意。工作一旦中斷，集中力就隨之戛然而止，之後就必須再花費一段時間才能再將注意力集中起來。如此一來，理所當然就會累積壓力。此外，因為花費時間和程序尋找文件，也可能因此錯了重要的會議。結果就會導致四周人對我們失去了信任。

未經過整理的工作環境只存在著負面的要素。此外，也會使四周人對你的印象大打折扣

工作無法順利推動，壓力不斷累積，最壞的狀況就是連工作的幹勁都沒有了。

～∿ DATA 資料

在意他人的視線

在未經過整理的環境中工作不只事關個人的問題。有人會因為看到你堆滿文件又髒亂的桌面而產生不快感。此外，如果被外人看到這個景象，也會對公司整體的形象造成負面影響，帶來不利的結果。

Q 辦公桌堆滿文件，顯得又髒又亂，卻不會造成不快感？

是
19%

否
81%

許多人都會對堆滿文件，顯得又髒又亂的辦公室產生不快感。

公司內部調查
（以100名上班族為對象）

☐ 持續做建檔的訣竅

只要有工作，建檔都是一定要用到的技能。因此，本文將介紹可以在輕鬆而自然的狀況下持續做建檔的訣竅。

① 任何人都可以做到的
   簡單建檔

② 可以有效率地
   推動工作的建檔

無法持續做建檔工作的理由有百百種，每個人都不一樣，譬如「太麻煩了」「太忙了」「感覺不出效果」等。想要解決這些問題，首先就是要讓建檔工作變得簡單，第二個重點就是要具機能性。只要能夠在不花費太多時間的情況下輕鬆自然地進行，而且又可以真實地感受到對工作有所幫助的話，那麼應該就不會有人想放棄建檔的工作。

Q1 以前曾經嘗試
做過建檔？

否 24%
是 76%

公司內部調查
(以100名上班族為對象)

Q2 放棄建檔的
理由？

其他 19%
忙碌 16%
沒有效果 27%
太麻煩 38%

意見分歧，但是可以看出許多人未曾有過因為建檔而獲得成功的體驗

☑ 檢視
CHECK

以自己的方式
構築建檔模式

職種不同，工作模式就會有異。所以，以本書所介紹的建檔方式為基礎，按照自己的方式做建檔是很重要的事情。如果勉強採用本書所介紹的所有訣竅，往往也無法持之以恆，所以只要採用重要的部分即可。

3

沒有使用的可能性的
文件就加以廢棄

了解如何廢棄文件，而且要持續下去

廢棄不必要的文件對建檔工作而言是非常重要的一環。因為能夠立刻拿出需要的文件才算是充分發揮機能的建檔。這裡要介紹的是「應該要廢棄的文件」和「應該要保留的文件」的判斷標準，以及有效率地廢棄文件的方法。但是，就算學會如何廢棄不必要的文件，如果無法持續下去的話，就無法保有有效率的工作環境。所以，最好設定自己的規則，譬如每個星期或者每個月撥出一個時間來做廢棄文件的作業，而當有大量的文件產生時，當下就要執行廢棄的作業。

☐ 廢棄文件時的心理準備

所謂的「應該廢棄的文件」是指今後沒有活用的可能性的文件

如果有限的工作空間有一大半被文件所佔據的話，當然就會對工作造成阻礙。由此就可以知道，「廢棄文件」有多麼地重要了。在廢棄文件時，重心要放在「今後是否可以活用」這一個點上。小心保管沒有再度使用的可能性的文件也不會對工作有什麼幫助。

))) 採訪 上司・先進篇
INTERVIEW

Q 曾經因為丟棄文件而感到後悔？

大部分的人都認為丟棄文件也不會造成任何問題

有 24%
否 76%

公司內部調查
(以100名上班族為對象)

□ 「廢棄」和「保管」的判斷方法

廢棄文件再怎麼重要，如果連必要的文件都一併丟棄的話，那就會出問題了。本文將介紹「應該廢棄的文件」和「應該保管的文件」的判斷標準。

累積文件很容易，但是要丟棄就難上加難了。因為要判斷何者該丟棄？何者該保管？這是很困難的事情。在丟棄文件時應該要考慮的重點是今後是否可以活用於工作上？如此一來，應該就會發現有大量的，事實上是不必要的，卻莫名地難以割捨的文件。下圖中具體地整合出什麼樣的文件可以丟棄。

該丟棄哪些文件好呢？

▌文件別
▌「廢棄」「保管」判斷圖表

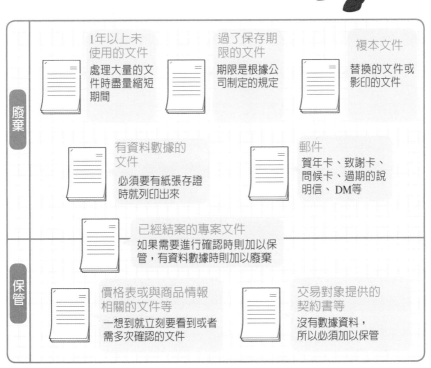

廢棄

- **1年以上未使用的文件**
  處理大量的文件時盡量縮短期間

- **過了保存期限的文件**
  期限是根據公司制定的規定

- **複本文件**
  替換的文件或影印的文件

- **有資料數據的文件**
  必須要有紙張存證時就列印出來

- **郵件**
  賀年卡、致謝卡、問候卡、過期的說明信、DM等

已經結案的專案文件
如果需要進行確認時則加以保管，有資料數據時則加以廢棄

保管

- **價格表或與商品情報相關的文件等**
  一想到就立刻要看到或者需多次確認的文件

- **交易對象提供的契約書等**
  沒有數據資料，所以必須加以保管

☐ 文件的丟棄方法

本文將介紹丟棄文件的方法。這是一種可以在短時間之內只丟棄非必要文件的方法，所以請務必嘗試實踐。

▌快速地判斷 是否該丟棄

要廢棄累積許久的文件時，先把所有的文件都集中在一個大箱子裡。然後再從中篩選出今後可以活用的文件。此時，盡量在最短的時間之內做判斷。花費過多的時間只會更加難以割捨某些不必要的文件。也有人是一個一個去判斷散放在桌上或四周、抽屜等各個地方的文件，但是這種方法要花費相當多的時間，不能算是有效的方法。

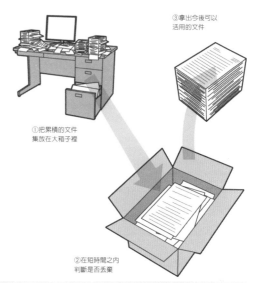

③拿出今後可以活用的文件

①把累積的文件集放在大箱子裡

②在短時間之內判斷是否丟棄

☐ 不知是否該丟棄文件時

暫時先保留

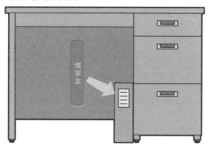

檔案盒

有時候會遇上勉強丟棄，日後卻發現需要派上用場的情況。為了避免發生這種狀況，不妨制定一個規則，若有所猶豫時，第一次先行保留，下次再有同樣的情況時則立刻丟棄。

找上司‧先進請教

這份文件可以丟棄嗎？

有時候與其自行判斷，不如找比較資深的上司或先進請教。此外，當自己沒有丟棄與否的決定權時，就立刻找他們商量。

□ 平常就要做好避免增加文件的工作

除了「廢棄」之外，保有「不增加文件」的觀點也是很重要的。如此一來，就容易將文件控制在最低限度的數量之內。

在文件上附註有效期限	以電郵的方式收取文件

在文件的右上角標註期限日

期限
20○○
1004

○業部○○○

告書

建檔術 FILING TECHNIC

案 編輯 顯示 插入 版面

傳送 ✂

收件者 ●●●●@●●

CC ●●●●@●

檔案名稱

可以收到資料，卻不會增加文件量

附 件

拿到文件時，就在該文件上標註失效日的「期限日」。如此一來，廢棄時的判斷工作就會變得比較輕鬆。此外，也可以加註拿到文件的當天日期或文件的簡單要點（參考P.34）。

從顧客或上司那邊接收文件時，盡可能以數位的方式代替紙張。如此一來，就可以避免增加文件數量。以PDF的方式傳送，就不用擔心內容遭到竄改，送件者也可以放心。

✓ 檢視 CHECK

與個人情報相關的文件的廢棄方法

在大量的情報來來往往的現代社會，管理情報的工作是非常重要的題目。尤其是個人的情報更要慎重地處理，萬一不小心讓情報外流，可能會惡化成整個公司的問題。廢棄與個人情報相關的文件時，要確實地加以處理，譬如使用碎紙機等。

4

建檔的基本
（文件篇）

透明檔案夾是建檔的
成功關鍵

將按照主題分類的文件夾在透明檔案夾中，直立擺放在固定的場所，這種簡單的系統就是建檔的基本重點。重點在於透明檔案夾的存在。如果沒有透明檔案夾，就無法將文件做分類而會導致散放各處。如此一來，要在最佳的時機拿出必要的文件就是一件難事了。此外，因為工作的需要而使用過文件之後，一定要將文件放回原來的透明檔案夾當中。當我們忙碌時，往往會忽略這個作業，事實上，如果沒有謹守這個作業原則，建檔的效果就會大打折扣。結果，就會倒退回不知道文件擺放在何處的窘境。

☐ 用透明檔案夾管理文件

輕巧但是方便使用的
建檔必備工具

透過對有名企業進行的採訪，我們知道有許多人都使用透明檔案夾來進行個人的建檔作業。壓倒性的多數意見認為「只要將文件夾起來即可，方便使用」是最大的理由。在本書中也將透明檔案夾當成基本的工具來介紹，是使工作進行得更順暢的建檔工具。

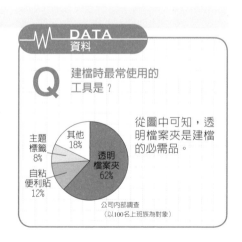

DATA 資料

Q 建檔時最常使用的工具是？

從圖中可知，透明檔案夾是建檔的必需品。

主題標籤 8%
其他 18%
透明檔案夾 62%
自粘便利貼 12%

公司內部調查
（以100名上班族為對象）

□ 使用透明檔案夾的優點

方便找到文件

用透明檔案夾分類整理文件，找起文件來十分方便。此外，因為是透明的，可以看到內容，加速尋找的速度。

這是業務會議的報告書吧

防止文件遺失

將文件置之不理，恐有遺失之虞。只要用透明檔案夾加以整合，就不用擔心。

文件不會折損、髒污

如果把文件夾進透明檔案夾當中，就算放進公事包裡也不用擔心。尤其是契約書等重要的文件更是如此。

方便攜帶

開會或商談時，可以將文件整個匯整帶走。此外，文件的收拿也很簡單。

建檔術 FILING TECHNIC

□ 把文件夾進透明檔案夾中

以下介紹將文件夾進透明檔案夾時的簡單規則。這是建檔的基本項目，務必遵循。

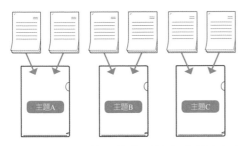

主題A　主題B　主題C

按照主題別，將文件分別放進透明檔案夾當中。如果一份文件與一個以上的主題相關時，就多影印幾份，分別夾進各個透明檔案夾當中。

✔ 檢視
CHECK

文件統一為A4尺寸

文件的尺寸若大小不一，就不方便收納在透明檔案夾當中。從別人手中收取文件時，請對方以A4做處理。平常就要多做這方面的努力，譬如列印時統一採用A4大小的紙張。

☐ 將透明檔案夾做分類

把按照主題區分使用的透明檔案夾根據工作的進行狀況做分類。這將是建檔時的最重要部分。

STEP 1 把透明檔案夾分類成為「處理前」「保留」「保管」

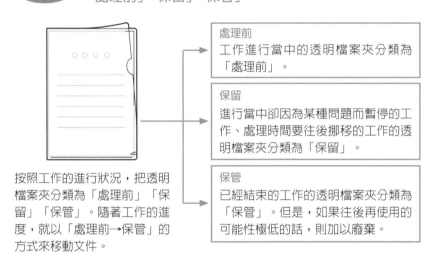

按照工作的進行狀況，把透明檔案夾分類為「處理前」「保留」「保管」。隨著工作的進度，就以「處理前→保管」的方式來移動文件。

處理前
工作進行當中的透明檔案夾分類為「處理前」。

保留
進行當中卻因為某種問題而暫停的工作、處理時間要往後挪移的工作的透明檔案夾分類為「保留」。

保管
已經結束的工作的透明檔案夾分類為「保管」。但是，如果往後再使用的可能性極低的話，則加以廢棄。

STEP 2 透明檔案夾的配置地點和移動方法

「保管」的透明檔案夾用檔案盒豎立起來擺放

透明檔案夾的移動方法

「處理前」
因為某種問題而暫停的工作、處理時間要往後挪移的工作移往「保留」。結束的工作則移往「保管」。如果往後沒有使用的可能性，則加以廢棄。

「保留」
處理結束的工作移往「保管」。如果往後沒有使用的可能性，則加以廢棄。

「保管」
每隔1個星期、1個月重新檢視1次透明檔案夾，判斷是要維持現狀或加以廢棄。

文件無法放置在桌面上時

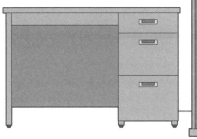

有些公司規定，文件或雜物不能擺放在桌面上。此時就在下層的抽屜分隔出「處理前」「保留」「保管」的空間，分別收納透明檔案夾。

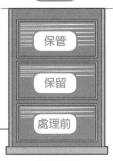

後面

保管

保留

處理前

前面

透明檔案夾的移動方法和前述（參照P.30）相同。但是使用橫型的檔案盒做為「處理前」「保留」「保管」的區隔。因為可以直立擺放管理，所以透明檔案夾的內容可以一目瞭然

橫型
檔案盒

建檔術

FILING TECHNIC

☐ 活用彩色透明檔案夾

帶有顏色的檔案夾混雜在透明的檔案夾當中會顯得格外搶眼。以下介紹利用彩色透明檔案夾來凸顯重要性的透明檔案夾的方法。

活用不同的顏色為透明檔案夾製造差異性

在直立擺放在「處理前」的空間當中的透明檔案夾中放置不同顏色的彩色透明檔案夾，緊急的工作用紅色，重要的工作用藍色，必須在一星期之內完成的工作用黃色來區分。如此一來，就可以在視覺上和透明的檔案夾做一區別，一眼就可以知道工作的優先順序。

🔴紅：緊急　🔵藍：重要　🟡黃：本星期之內

×NG NO GOOD!!

注意勿過度使用彩色檔案夾

過度使用彩色透明檔案夾就無法為工作的優先順序做定位。原因在於，使用太多的彩色透明檔案夾會搞不清楚哪一個才是重要的檔案夾。收納時要盡可能控制使用的數量。

CHAPTER 1

5

利用索引提高
搜尋效果

首先確認
需要索引的工作環境

本書所謂的索引是指爲了更方便找出透明檔案夾或文件所做的標題。但是，有些職種的文件量並不是很多，此時直接找檔案夾會比較快，所以並不需要刻意製作索引。也就是說，只有在沒有辦法立刻找出透明檔案夾或文件時才需要索引。此外，把今後不會派上用場的文件加以廢棄，塑造出一個不必使用索引的狀態的話，這樣的工作環境可以說是比較理想而且有效率的。

☐ 索引的必要性

想提高搜尋效果時特別有效

只要把文件做分類，夾進透明檔案夾當中，就可以大幅提升搜尋的方便性。但是，當文件或透明檔案夾增加時，就得考慮到搜尋效果了。此時便是索引派上用場的時候了。本書中將介紹索引的有效使用方法，以便能更方便尋找文件和透明檔案夾。

□ 透明檔案夾的索引

本文將介紹提高透明檔案夾的搜尋效果的工具、主題標籤的活用方法。這種工具也可以使用於2孔檔案夾等。

▍活用 ▍主題標籤

使用主題標籤, 內容便可以一目暸然

使用主題標籤時,哪個透明檔案夾裡夾有什麼樣的文件就可以一目暸然了。但是,擺放透明檔案夾時,如果堆疊過多,就不方便檢視,所以要採直立式管理。

▍在主題標籤上 ▍加註主題

按照主題別來區分

①專案別　②職種別
③時間序列　④場所別
⑤客戶別　⑥問題別

標題的關鍵字必須可以明確地傳達透明檔案夾內放了什麼文件。本書建議按照「主題別」來區分標題。舉例來說,可以區分為「專案別」「時間序列別」等。

只要貼在右上方,那麼不管是直放或橫放,都會是最容易檢視的位置

○○不動產

模式①
主題最好是比較具體一點為宜。舉例來說,如果按照客戶別來區分標題時,就寫上名稱。

○○不動產

模式②
在主題上寫一個以上的關鍵字,如「專案別+場所別」時,萬一關鍵字超過3個,就不容易檢視了。

開發—東京

□ 文件的索引

繼透明檔案夾的索引之後，我們針對文件的索引來做個思考。重點在於拿到文件之後，就要立刻寫上必要的情報。

▎利用文件的索引，
▎省略回頭審視的程序

一眼就可以掌握文件的內容

在文件上寫上索引的理由跟透明檔案夾的主題標籤一樣，都是為了能夠一眼就掌握裡面是什麼樣的文件。但是，寫上去的內容各不相同，重點在「日期」「文件的簡單要點」「備忘」等3點。合約書或要提交給客戶的文件等不便在文件上直接寫上文字時，可以寫在自粘便利貼上貼上去。

① 日期（填寫日）
② 文件的簡單要點
③ 備忘（狀況情報）

為了在判斷文件是否要廢棄時方便行事，也可以寫上「有效期限」（參考P.27）。

檢視
CHECK

文件量多時，使用索引標籤

透明檔案夾內的文件比較多時，索引標籤就很好用。因為，索引標籤是以凸出於文件之外的形式來粘貼的，所以不需要拿出文件就可以掌握內容物為何。但是，當文件數量不多時，使用索引標籤反而更難分辨，所以在文件超過50張以上時再使用吧。

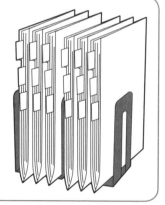

索引標籤

☐ 用自粘便利貼補足、補強索引的不足

為了更形提高透明檔案夾和文件的搜尋效果，可以使用自粘便利貼。但是，製作過多的索引反而會得到反效果，這一點要注意。

▌把自粘便利貼 活用在透明檔案夾上

用自粘便利貼 製作文件的索引

透明檔案夾中夾放了什麼樣的文件？個中的重點可以備忘在自粘便利貼上。和主題標籤搭配使用時，可以更容易掌握透明檔案夾或文件的內容。此外，自粘便利貼也可以讓我們更容易判斷文件是否要加以廢棄。

把文件的簡單要點寫在大一點的自粘便利貼上

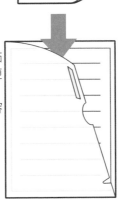

把自粘便利貼粘貼在透明檔案夾中最上一層的文件上。粘貼在透明檔案夾上時，用膠帶補強

建檔術

FILING TECHNIC

▌把自粘便利貼 活用在文件上

為了有效使用文件， 可以活用自粘便利貼

把除了在P.34所介紹的文件索引之外，想留下來的內容寫在自粘便利貼上。此外，將文件的出處或使用履歷等做個整合，便可以做為思考下次要如何執行工作時的寶貴資料。

如果文件只有1張，直接閱讀會比較快，所以只有在處理大量的文件時才使用自粘便利貼

檔案夾的區隔使用
(檔案盒・2孔檔案夾)

選擇檔案夾時要考慮到與文件的速配性

有時候因為文件的數量和性質使然,不宜夾在透明檔案夾中,而是使用其他的檔案夾。因為不同的檔案夾有不同的機能,和文件的速配性也有差異。舉例來說,透明檔案夾的特色是方便尋找文件,相對的,檔案盒則可以收納比較多的文件,這是其優點所在。此外,2孔檔案夾比較適合用在處理以年為單位等需要長期保管的文件。我們可以說,選擇檔案夾時把重點放在哪一種種類有助於工作的推動是很重要的。

☐ 檔案盒的使用方法

按照主題別來區分的文件量很多時使用

按照主題別來區分的文件量比較多時,建議使用檔案盒。因為尺寸比較大,管理文件比較容易。但是,把文件放進檔案盒時要先用透明檔案夾來區分文件的種類。否則,文件的搜尋效果就不如預期中的理想了。

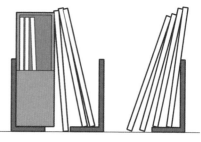

把文件用透明檔案夾加以分類之後,直立放在檔案盒內。

□ 2孔檔案夾的使用方法

使用2孔檔案夾時，更換文件會比較麻煩，但是文件不易散失。因此，按照時間序列管理文件時會很方便。

➡️

□報告書
□議事錄
□估價單（會計相關事宜）等

平銼式檔案夾	穿孔式檔案夾	管狀式檔案夾

管理按照時間序列裝訂起來的文件時很方便。但是，缺點在於裝訂時很麻煩。

一年當中要保管的文件超過3本平銼式檔案夾時，寬大的穿孔式檔案夾最適合。

管狀式檔案夾最適合用來管理手冊或目錄。但是，缺點是不易翻閱。

檔案盒的保管方法

保管檔案盒時，盡可能丟棄不必要的文件，可以的話，以透明檔案夾、2孔檔案夾為單位來保管。此外，可以用共用檔案夾處理的東西就盡量以這種方式為之。

 檢視
CHECK

使用共用檔案夾，
節省個人的工作空間

個人的工作空間有限，因此，可以用共用檔案夾處理的東西不妨移到公司的保管場所去。但是，共用檔案夾幾乎都受到公司規定的制約，所以必須加以遵循。

7

傳眞文件的
建檔方法

「接收之後立刻進行確認」是
傳真的不變法則

我們經常會看到有人因爲當下太過忙碌，以至於將傳眞文件的確認、管理程序往後挪移。但是，就傳眞文件的性質來考量，我們發現，這種作法是一大錯誤。許多傳眞文件都是有期限設定的，一旦錯過時間，就沒有任何意義了。如果只是活動的說明書，倒也不是什麼大問題，萬一是重要的工作的截止日，事情就非同小可了。也就是說，一接到傳眞文件就要立刻過目，如果必須回覆，就要立刻執行。此外，和其他的文件一樣，判斷今後是否有使用的必要也是一件很重要的事情，要使用的則加以保管，不需要的則立刻加以廢棄。

☐ 擱置傳真文件的危險性

☐沒有經過確認就遺失

對方傳送多張文件過來，事後才發現當中欠缺好幾張

☐緊急的要件

本來是重要的研習會的說明內容，但是確認時已經過了期限

☐文字不清楚，難以辨認

文字不清楚，難以辨認。但是，當下又不能要求對方再度傳送

哪有可能！

您上個月傳送過來的傳真還在嗎……？

□ 傳真文件的建檔流程

緊急事件或研習會的說明文件等之類的東西待日後再行確認時也沒有意義了。要養成再忙也要立刻確認傳真內容的習慣。

▌接收之後 要立刻處理

接收到傳真時，要立刻確認內容。然後在傳真文件的右上角寫上接收的日期。如果文件超過一張以上，就用釘書機固定

▌無法立刻 處理時

暫時保管於建檔空間，定期做確認。做確認時，不管傳真內容與哪個專案有關，都不要收納進該專案的透明檔案夾中，要另外使用專用的透明檔案夾做保管。

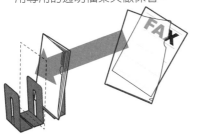

需要回覆時

如果需要回覆，要立刻進行。之後再判斷是要妥善保管或加以廢棄。如果決定要保管，又與某個專案有關時，就收納到整合該專案的透明檔案夾中。如果與任何專案都沒有關聯，就事先製作一個「其他」的透明檔案夾，收納在其中。

只要看過就好時

和「需要回覆時」一樣，先判斷是要保管或是廢棄。如果有保管的必要時，就收納到適合的透明檔案夾中。

> ✔ **檢視** CHECK
>
> 按照需要
> 影印傳真文件
>
> 通常傳真過來的紙張大小不一。因此，需要保管的傳真宜用A4大小的紙張統一影印。因為一般所使用的透明檔案夾幾乎都是A4大小，如果把大小不一的文件收納進去，就不易做好管理。此外，影印傳真文件時，原稿就可以廢棄了。

8

收據的
建檔方法

只有簡單的管理方法
才得以長期持續

關於收據所造成的煩惱有千百種，譬如「精算收據費時又費工」「有些收據不知是怎麼來的」「交通費用無法掌握」。收據爲什麼會讓人這麼地傷腦筋呢？理由應該是許多人沒有明確的管理方法，只是視當時的情況加以處理而已。結果就要花費很多時間心力在收據的精算作業上。本文中將提出一種非常簡單的管理方法，只要按照新舊的順序來疊放收據，收納在透明檔案夾中就可以了。這種「簡單」的特色正是可以長期持續下去的秘訣。

☐ 處理收據時的注意事項

☐ 不要放在皮夾裡

☐ 不要將收據摺疊收放

☐ 不要用紙信封做管理

經常看到有人會將收據擺放在皮夾裡，這樣一來，會和票據或各種卡片混在一起，恐有最後不小心一起丟棄的危險性。整理收據時，不要摺疊存放。一方面容易撕裂，而且整理成束時，體積會變得很大。此外也不建議用信封做管理。因為看不到內容，不易進行整合作業。

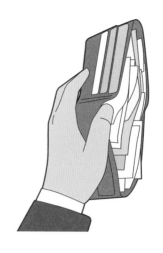

☐ 收據的管理方法

用透明檔案夾來管理收據

用來管理大小不一的收據的方法

收據並沒有統一規定的尺寸。所以最好用A4的透明檔案夾來整合,以期能夠處理任何尺寸的收據。至於該透明檔案夾的管理場所最好是選擇物品流動機率不多的地方。舉例來說,中層的抽屜鮮少會有收拿物品的機會,放在這個地方就不用擔心會遺失。

交通費用的管理方法

活用手冊,防止漏記

管理交通費用時,建議活用手冊。手冊是隨身攜帶的東西,所以只要每次移動時做備忘,就不用擔心會漏記情報了。如果公司方面制定有專門精算經費的格式,那就夾放在手冊當中。只要將交通費用直接寫在固定的格式當中,事後就不用再費工填寫了。

> 把收據收納到透明檔案夾當中時,要用迴紋針加以固定,避免四散開來

> 疊放時把時間比較久以前的收據放在上面

✔ 檢視 CHECK

寫上收據的內容

為了預防搞不清楚是哪一筆開銷的收據,不妨把內容寫在收據背面。如果是計程車費用,就明確標示從哪個地方搭車到哪個地方。

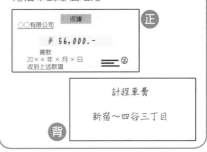

正

○○有限公司　收據

¥ 56,000.-

貨款
20×× 年 × 月 × 日
收到上述款項

背

計程車費

新宿～四谷三丁目

9

公事包的
建檔方法

給人的印象會隨著
處理公事包的方法而改變

有些人認為,一個人對工作的意願或能力、人品等會彰顯於使用的道具上。我們指的不是全面使用高級品,而是一個人的人格會透過處理道具的方式而如實地表現出來。對公事包的態度也一樣。如果公事包因為塞滿了東西而鼓漲起來,往往就得不到他人的好感,而且也會產生不易找東西的問題。本文中將介紹該選購什麼樣的公事包?如何整理公事包裡面?尤其對經常在外面奔波的業務人員而言,這不正是一個值得深思的主題嗎?

☐ 公事包需要建檔的理由

物品會直接表現出
一個人的能力

公事包裡面如果塞滿東西,就沒有辦法立刻拿出需要用到的物品。而且,四周的人看到這個樣子,可能就會認為你不是一個能幹的人,也許就無法對你產生好感了。也就是說,道具會直接表現出一個人的能力好壞。由這一點來看,我們應該就可以理解公事包建檔的必要性了。

☐ 公事包的選購方式

就算建構起了公事包的建檔方式，如果公事包的機能性不夠，那也就沒有什麼意義了。所以，本文將介紹公事包的選購方法。請確認一下自己是否使用欠缺機能性或者不適用於商務活動當中的公事包？

選購公事包時的確認要項

☐ 是否輕巧
☐ 是否不易變形
☐ 是否有防水的加工處理
☐ 能否能直立於地面上
☐ 把手長度是否適當

☐ 設計和顏色是否與服裝搭配
☐ 公事包內側是否有隔層和口袋
☐ 公事包的外側是否有口袋

只要符合以上的確認要項，就可以充分活用公事包的機能。此外，也可以順利地在商場上使用。

✓ **檢視**
CHECK

商場上可以使用肩背式公事包嗎？

從事某項作業時，如果使用肩背式公事包，就不需要放到地上，非常方便。有些人也許不認同，但是目前有許多人都會使用肩背式公事包，所以應該沒什麼問題。但是，購買時要選擇有把手的種類，移動中可以繫上背帶做機能性的運用，而在拜訪客戶時則要將背帶收納起來，適時地區隔使用。

☐ 公事包的建檔流程

公事包的建檔重點在於只把必要的物品做分類收納。能夠做到這一點，就可以提升公事包的使用效果。

STEP 1
只放必要的東西

我們往往會覺得很多東西可能都派得上用場，結果在不知不覺當中，就把公事包給塞得鼓鼓的。但是也就因為放了太多東西，很難立刻拿出必要的物品。過多的東西會降低公事包的機能性。想要解決這個問題，首先就要判斷必要與非必要的東西，減少收納進公事包裡的物品數量。

經常會放在
公事包裡的物品

☐ 與經費無關的票據
☐ 過期的說明書
☐ 老舊的文件或雜誌

這些都是經常被放在公事包裡的東西。因為都不是可以活用在工作上的物品，所以必須立刻加以處理。

 檢視
CHECK

思考公事包裡面的
配置

前往客戶那邊做訪問時，一定有打開公事包的機會。如果此時被客戶看到你的公事包裡面擺放了運動雜誌的話，對方會有什麼想法？也許很多客戶並不會放在心上。但是，或許也有人會因此而對你產生負面的印象。結果，只因為這麼一件小事，就傷害了和客戶之間的關係。為防患未然，我們必須考慮到公事包內部的配置問題。許多公事包的內側都有隔層，可以加以活用。首先，靠近客戶那一側的隔層可以收納文件或筆記等與工作

相關的物品，後側則收納個人使用的物品。如此一來，就不會被客戶看到不必要的東西了。

STEP 2
按照用途別區分族群

將物品緊縮到最低限度的數量之後，接下來就按照用途別來分類，分別收納在小收納包裡面。用小收納包來加以分類時，即便要更換公事包裡的內容物時，也可以順利進行。尤其是女性，往往要隨著外表打扮而更換公事包，所以建議用小收納包來做管理。

公事小包

□備忘本
□筆
□自粘便利貼
□IC錄筆機
□USB隨身碟
■數位相機

將備忘本或筆等工作上必要的物品收納在這個小包裡。也可以把名片夾放在這裡。

禮貌隨身小包

□手帕
□衛生紙
□常備藥物

收納衛生紙或手帕等與個人教養有關的物品的小包。女性也可以準備一個化粧包。

前方
□夾放文件的透明檔案夾
□筆記本
□空的透明檔案夾
　（客戶提供文件時使用）

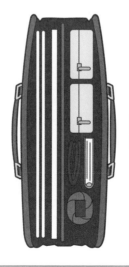

前方

後方

後方
□公事小包
□禮貌隨身小包
□皮夾
□手冊
□摺疊傘

辦公桌配置的基本要項

所謂的辦公桌配置就是要明確物品擺放的場所

「有些抽屜根本就不知道裡面放了什麼東西」。有這種狀況的人一定很多，但是這麼一來就沒有辦法立刻取出必要的東西，可以說是一種非常沒有效率的環境。而且恐怕也會被四周人貼上「吊兒郎當」的標籤。為什麼會有這種情況發生呢？原因就在於物品的置放場所不明確所導致，而適當的辦公桌配置則可以解決這個問題。「配置」這個字眼聽起來似乎頗有難度，事實上，主要的對象只有抽屜。桌面上則只擺放電腦或電話等為數不多的物品，所以可以輕鬆地配置。

☐ 何謂理想的辦公桌配置

辦公桌配置的大小事宜都有其意義

一般而言，話機都是放在辦公桌的左上角，這純粹是針對慣用右手的人用左手接電話，用右手做備忘所做的設定。所以說辦公桌的配置是有其意義的。最理想的狀況就是坐到椅子上時，所有必要的東西都在伸手可及之處。如果真能塑造這種狀況，就可以削減許多不必要的手續，工作也得以順暢地運作。

| 具機能性的
辦公桌配置 | ＝ | 有效率的
工作 |

□ 辦公桌配置的原則

① 每個抽屜
   放什麼東西是固定的

② 用過的物品
   歸回原處

③ 離開公司之前，
   將桌面整理乾淨

思考辦公桌的配置時，必須明確桌面上或抽屜裡收納了什麼東西。否則就不知道什麼東西放在什麼地方了。此外，好不容易完成了具機能性的桌面配置，如果隨著時間的經過，又恢復成原來的狀態時，就沒有什麼意義可言了。為了避免這種情形發生，用過的東西一定要歸回原處，下班離開公司之前也要將桌面清理乾淨。

Q 你在離開公司之前
會整理桌面嗎？

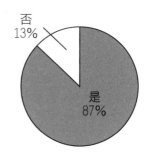

否
13%

是
87%

由上圖可知，有過半數的人在離開公司之前會整理桌面。最大的理由是希望「第二天早上可以神清氣爽地進入工作狀態」。也就是說，只要能讓這個作業變成一種習慣，不但可以保有一個比較理想的工作環境，而且也可以在比較好的精神狀態下投入工作當中。

公司內部調查
（以100名上班族為對象）

✕NG NO GOOD!!

個人物品勿放置於
辦公桌四周

把個人物品帶進工作場所的人比想像中的多。有人認為這樣可以放鬆心情，但是，這麼一來很可能會造成作業空間因而變窄，建檔空間也因而不見了等工作上的障礙。此外，旁人的眼光恐怕也不會帶有什麼善意吧？如果是公司內部的人，或許還會睜隻眼閉隻眼，萬一被外部的人看到，不但對當事人的評價會下降，連帶的也會影響到公司整體的形象。

個人的所有物幾乎都收納在抽屜當中。也就是說，為了能夠立刻取出必要的物品，抽屜內部的配置是很重要的。

抽屜中央
☐長尺
☐藍圖等尺寸比較大的文件
☐離開座位時，暫時保管桌面　上的文件

上層抽屜
☐文具類

用盛盤來區隔文具，方便取用

下層抽屜
☐保管用的文件

將夾有文件的透明檔案夾直立收納在檔案盒中（參考P.30）

中層抽屜
☐工作上的相關用品

抽屜前方活用為離開公司時，收納桌面上的文件的空間（參考P.54）

擬定收納清單，
明確物品的置放處

建立一個就算遺忘也可以補救的系統

如果想要使物品的置放處更明確化，不妨將收納於各個抽屜的物品列出清單。然後將清單收在手冊的口袋等容易看到的地方。人的記性是不太靠得住的。因此，建立一個就算遺忘了事情也可以回想起來的系統是很重要的工作。

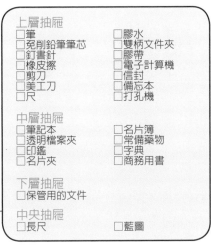

上層抽屜
- □筆
- □免削鉛筆筆芯
- □釘書針
- □橡皮擦
- □剪刀
- □美工刀
- □尺
- □膠水
- □雙柄文件夾
- □膠帶
- □電子計算機
- □信封
- □備忘本
- □打孔機

中層抽屜
- □筆記本
- □透明檔案夾
- □印鑑
- □名片夾
- □名片簿
- □常備藥物
- □字典
- □商務用書

下層抽屜
- □保管用的文件

中央抽屜
- □長尺
- □藍圖

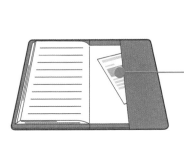

✓ 檢視
CHECK

徹底做好辦公桌的
安全工作

離開公司時當然要上鎖，即使在上班期間，也要記得將抽屜鎖上。也許有人認為公司內部應該不會有人偷東西，但是萬一發生事情就為時太晚了。尤其是萬一弄丟了與個人情報相關的文件，問題將會擴大到整個公司。為了避免這種情況發生，平常就要徹底做好這種安全管理的工作。

CHAPTER1

11

桌面
配置

思考物品配置所代表的意義，
強化配置的機能

把桌面上的面積區隔成6塊來思考，配置的工作就會比較容易些。以靠近身體一側的中央空間來說，此處是用來進行實際作業的空間，如製作文件或操作電腦等，所以除了鍵盤之外，不放其他任何東西。另外，靠近身體一側的左方空間則空出來當成暫時放置作業中使用的參考資料等的場所。中央後側的空間擺放電腦。因為坐在椅子上時，最方便觀看電腦螢幕的位置就是中央後側的地方。物品的配置就是像這樣，各有其意義存在。了解這個事實之後，應該就可以更形強化配置的機能了吧？

☐ 物品的配置會改變工作的效率

有效地配置必要的
最低限度的物品

桌面是進行實際的作業的空間，譬如製作文件或操作電腦。如果放置太多物品，就會妨礙到作業的進行。思考桌面上的配置時，要記住只擺放最低限度必要的物品。此外，進行空間配置時要注意，能讓工作充分發揮機能地運作也是很重要的事情，譬如所有的物品都要放置在伸手可及之處。

沒有作業的空間……

□ 桌面配置的方法

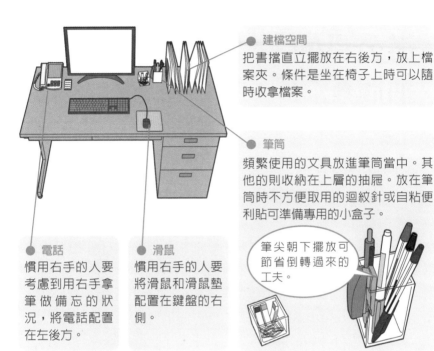

建檔空間
把書擋直立擺放在右後方,放上檔案夾。條件是坐在椅子上時可以隨時收拿檔案。

筆筒
頻繁使用的文具放進筆筒當中。其他的則收納在上層的抽屜。放在筆筒時不方便取用的迴紋針或自粘便利貼可準備專用的小盒子。

電話
慣用右手的人要考慮到用右手拿筆做備忘的狀況,將電話配置在左後方。

滑鼠
慣用右手的人要將滑鼠和滑鼠墊配置在鍵盤的右側。

筆尖朝下擺放可節省倒轉過來的工夫。

))) 採訪 上司・先進篇
INTERVIEW

配置電話的方式
要能方便撥接

接受採訪的野村不動產的男職員想出一個點子,將電話傾斜擺放,以便於撥打電話。雖然不算是劃時代性的創意,但是累積這樣的創意卻可以衍生出有效率的工作流程。最重要的是自行想辦法改善工作環境的態度。

　　　野村不動產　住宅公司
　　住宅建築部　建築課　男性

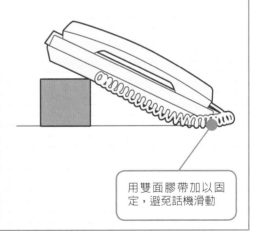

用雙面膠帶加以固定,避免話機滑動

CHAPTER1

12

辦公桌的
抽屜配置

配置時
考慮抽屜的特徵

抽屜有各種不同的尺寸,所以容易收納和不易收納的物品也不一樣。如果沒有考慮到這一點,只想一古腦地將物品都收納進去的話,會造成收拿上的不便。在思考抽屜的配置時,要注意到這一點,再決定物品的放置場所。此外,抽屜在構造上是放在靠近身體一側的物品比較方便拿取,但是越往裡面就必須將抽屜拉得越開,因此,取用物品時相當地不便。基於這個理由,在配置時就要將經常使用的物品放在靠近身體的一側,裡面則放置不常用的東西。

☐ 決定每一個抽屜負責的任務

未整理的抽屜只會形成負面要素

如果沒有決定抽屜的配置方式,就不知道什麼東西放在什麼地方了。有時候可能還會發生物品遺失的狀況。一旦演變成這種狀況,不但無法適時地拿出想要使用的物品,連寶貴的收納空間都會浪費掉了。

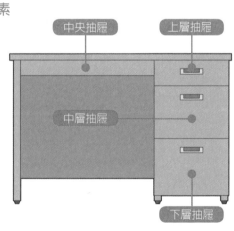

中央抽屜　上層抽屜　中層抽屜　下層抽屜

☐ 上層抽屜的配置

上層抽屜往往沒有什麼高度，所以適合用來保管小型的文具類。試著去考慮如何收納什麼樣的文具吧。

用盛盤區隔
文具的隔間

為了方便尋找、取出文具，可以用盛盤將抽屜內部做個區隔。只要搭配使用各種不同形狀的盛盤，就可以形成符合文具置放的隔間。此外，在收納文具時也要確認是否有用完的筆等文具，避免在作業當中產生壓力。

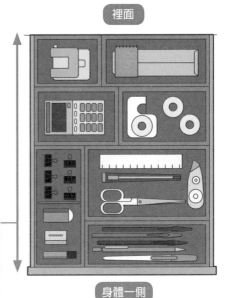

裡面

身體一側

根據使用頻率來決定文具的配置場所 ●

經常使用的物品要放置在抽屜前方，越往後面就越要放置使用頻率低的物品

建
檔
術

))) 採訪 上司・先進篇
INTERVIEW

避免抽屜裡面
一團亂

你是否有過這樣的經驗？在反覆開關抽屜的當兒，裡面的東西便變得一團亂？就算使用了盛盤，除非盛盤在抽屜裡緊密地嵌合在一起，否則還是可能會發生同樣的事情。所以，將盛盤放到抽屜裡面時，底部可以用雙面膠粘貼固定。

野村不動產　住宅公司
住宅建築部　建築課　男性

中層抽屜的配置

因為有某種程度的高度，所以可以收納上層抽屜所無法收納的物品。此外還可以有比較大的自由使用度，譬如擺放工作上的參考資料等。

自由度高的保管空間

中層抽屜並沒有限制一定要放哪些東西，所以可以自由收納，譬如擺放上層抽屜放不進去的物品、使用頻率低的東西等。但是，本書基於安全的觀點考量，建議在離開公司時將桌面上管理的透明檔案夾移往中層的抽屜。

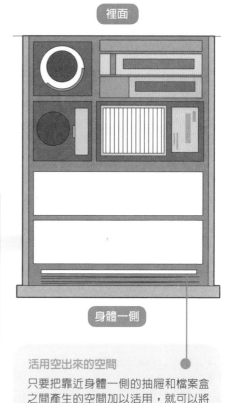

裡面

身體一側

離開公司時，將透明檔案夾從桌面上移往中層抽屜

就安全性來考量，離開公司時將桌面上的透明檔案夾置放於原處並不理想。因此，最好將透明檔案夾從桌面上移往中層抽屜。方法是將2個橫型的檔案盒配置在抽屜靠近身體的一側。然後將「處理前」和「保留」的透明檔案夾分別收納在檔案盒中。中層抽屜放不進檔案盒時，就用個人專用櫥櫃處理同樣的作業。

活用空出來的空間

只要把靠近身體一側的抽屜和檔案盒之間產生的空間加以活用，就可以將未使用的透明檔案夾或筆記本以直立的方式收納。

□ 下層抽屜、中央抽屜的配置

下層抽屜的活用方法詳見於P.30，中央抽屜則幾乎沒有配置的必要。因此，本文僅略微提及。

▌下層抽屜的 配置

下層抽屜是用來收納「保管」文件的空間。但是，當公司規定桌面上不能擺放文件或物品時，除了放置「保管」的文件之外，還要加上「處理前」和「保留」的文件。

▌中央抽屜的 配置

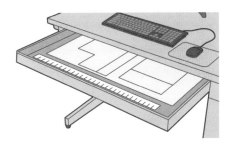

中央抽屜沒有什麼高度，打開時必須將身體往後挪移，因此不能算是好用。所以基本上是不收納任何東西的。但是，長尺或大型的藍圖等沒有適當保管場所的物品也可以收納在此處。此外，也可以使用於離開座位時，將作業中的文件做暫時性保管的地方。

檢視 CHECK

垃圾筒配置 在辦公桌的左側

在做文件的建檔作業時，「丟棄」是不可或缺的工作。因此，垃圾筒要放在辦公桌的附近，以便在產生不必要的文件時就可以立即丟棄。如果沒有垃圾筒，丟棄的作業就會被往後挪移，結果就一直擱置沒有處理。此外，垃圾筒擺放的位置以辦公桌的左側為最適當。因為在開關抽屜時就不會造成阻礙。

現場採訪
建檔術篇

賦予物品的配置
有其意義

桌面上

電話
放在可以用左手立刻接起話筒的位置。設定的狀況是用右手拿筆做備忘。

桌曆
擺放在使用電腦進行作業時可以不用轉動頸部就可以斜眼確認的位置上。

盛盤
用來做為作業中的文件的擺放處。為了避免文件佔滿整個桌面，只放置一個盛盤。此外，下班回家時，盛盤中要保持空白的狀態。

制定屬於自己的規則，
賦予建檔某種機能

接受採訪的PASONA集團的男性職員表示，建檔在提高工作品質上佔有重要的地位。如其所言，他所採行的文件的整理方法和收納該文件的桌面四周的配置都有明確的規則，以期能夠有效率地推動工作。此處將介紹其建檔術。

檔案
PASONA集團
人事部
31歲
男性

抽屜側面

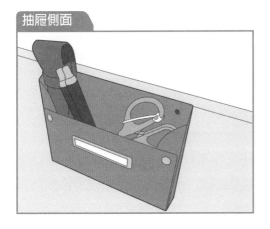

有效
活用空間

在抽屜的側面掛上一個小物盒，把文具收納在其中。這是從桌面上盡量不擺放物品，隨時保持整齊乾淨的規則中衍生出來的創意。此外，小物盒本身也只擺放經常使用的最低限度必要的文具。

 檢視
CHECK

養成廢棄文件的
習慣

① 每週安排一個
廢棄文件的時間

② 每結束一個專案，
就進行文件廢棄作業

接受採訪的男性職員固定在每星期三開始工作前進行文件的廢棄作業。此外，每結束一個專案時也會進行同樣的作業。透過這種習慣，隨時保持手邊只有必要的文件的狀態。

利用抽屜
來整理文件

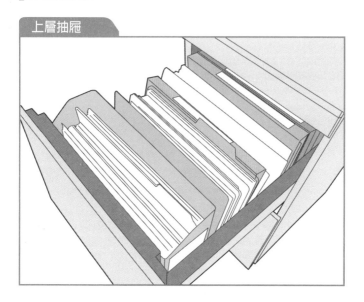

抽屜靠近身體一側

1星期之內
使用的文件

抽屜後方

重要文件

上層抽屜收納1個星期之內要使用的,緊急度比較高的文件和夾著重要文件的檔案夾。收納時可在抽屜內做簡單的間隔,讓靠近身體一側的空間擺放1個星期之內要使用的文件,後方則收納重要的文件。此外,如果超過1個星期以上沒有使用的文件就調降緊急度,移往下層抽屜。

檢視
CHECK

做文件管理時
必須注意的要項

☐ 不能將文件放置於桌面上逕行離座

☐ 平常就要養成將抽屜上鎖的習慣

☐ 下班回家時桌面上保持空無一物的狀態

☐ 與個人情報相關的文件要慎重管理

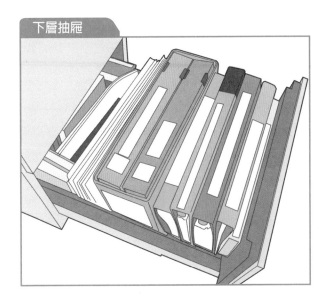

下層抽屜

抽屜靠近身體一側

1個月之內
要使用的文件

抽屜後方

參考資料

下層抽屜在收納時可在抽屜內做簡單的間隔，讓靠近身體一側的空間擺放1個月之內要使用的文件，後方則收納參考資料。此外，以1個月1次的頻率做文件的整理工作，超過1個月以上沒有使用，但是必要的文件則移往個人的專用櫥櫃擺放。不知道今後是否會使用的文件一樣移往個人櫥櫃，或者做成PDF檔加以保管，日後沒有使用的可能性的文件則加以廢棄。

離開座位時，桌面上不能放置任何文件，這在文件管理上來說是非常重要的觀念。因為文件可能在這段期間就遺失了。此外，為防萬一，也不要忘了為抽屜上鎖。與個人情報相關的文件需要更慎重的管理。本次接受採訪的PASONA集團的男性職員甚至都會為電腦的檔案或影印機、手機等設定密碼，徹底做好個人情報的管理作業。也許有人會覺得很麻煩，但是就避免文件遺失或情報外洩的危險性來看，這樣做是具有很充分的意義的。

13

建檔的基本
（電腦篇）

越是容量大的電腦
就越要建檔

電腦桌面充滿了檔案或資料夾——這樣的人鐵定不少。電腦可以很輕鬆地就製作出檔案，而且由於容量很大，所以會有這樣的狀況產生也是理所當然的事情。但是，接受這樣的狀況而經常去執行檔案搜尋的作業卻是一種時間上的浪費。也就是說，電腦和文件的建檔一樣，也要遵循一定的規則來管理檔案或資料夾。基本的想法和文件的建檔是一樣的，所以，懂得文件建檔的人對電腦的建檔工作應該也可以得心應手。

□ 何謂電腦的建檔

思考電腦的優缺點

電腦的收納空間是文件的擺放場所所無法比擬的。這是電腦的優點，但是有時候也會變成缺點。一旦有充分的收納空間，就會無限制地增加檔案，容易形成桌面塞滿檔案的狀態。如此一來，搜尋檔案就變得很困難，而電腦的運轉速度也會變慢。

DATA
資料

進行電腦的檔案管理時
經常發生的錯誤排行榜

①檔案的前後關係變得不明確
②檔案名稱不易分辨
③電腦桌面充斥著檔案
④搞不清楚哪個檔案放在哪個資料夾中

公司內部調查
（以100名上班族為對象）

☐ 做電腦建檔時的原則

電腦的容量很大，我們往往會無止境地增加檔案。為了避免出現這種狀況，所以必須進行電腦的建檔。

▌觀點和文件的 建檔是一樣的

重點在於要能立刻掌握必要文件置放的場所

文件的建檔和電腦的建檔在使用的工具上雖然有差異，但是觀點卻是一樣的。只要把文件想成檔案，把透明檔案夾想成資料夾就很容易弄清楚了。此外，在建檔的大原則——製作可以一眼就掌握哪個地方有什麼東西的系統——這一點上，兩者也有著相同的目標。

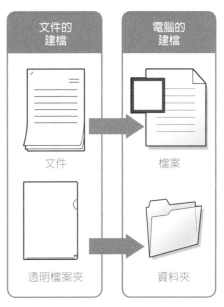

文件的建檔 → 電腦的建檔

文件 → 檔案

透明檔案夾 → 資料夾

▌資料夾 是基本工具

確定區分資料夾的規則

電腦的建檔是透過將資料夾按照主題別來區分，然後整合相關的副資料夾或檔案而成立的。也就是說，資料夾是電腦的基本工具。

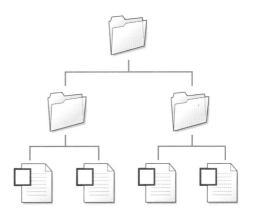

所謂的副資料夾是指在資料夾內製作的資料夾。

☐ 區分資料夾的方法

按照主題別來
區分資料夾

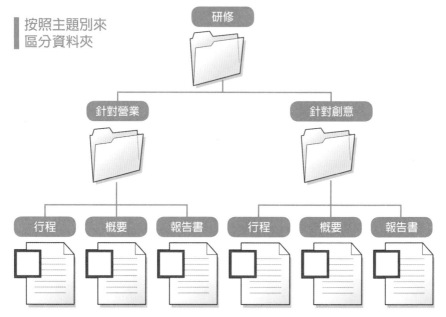

把資料夾按照主題別來加以分類。此時要注意的是不要用軟體，譬如Word或Excel來區分資料夾。否則，就不容易找到想要的檔案了。

✅ **檢視**
CHECK

區分資料夾以3階層
為極限

如果資料夾區分過細，可能會連自己都不知道檔案放在哪個地方了。為了避免發生這種狀況，最好制定一個規則，限定資料夾的區分以3階層為限。

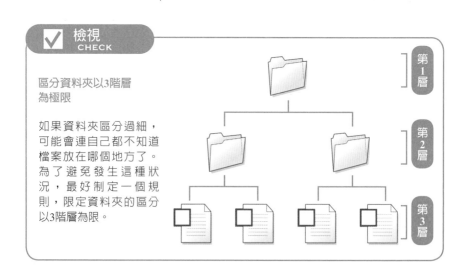

第1層

第2層

第3層

適合以時間序列來區分
資料夾的狀況

保管定期產生的
檔案

保管定期產生的檔案
時，最好按照時間序列
來區分資料夾，譬如例
行會議或每年在固定時
期舉辦的研修活動的報
告書等。如果按照年、
月和副資料夾來區分，
「想看看○年○月的報
告書」時，也可以立刻
就找出來，非常方便。

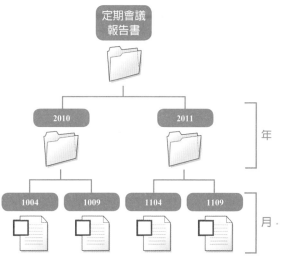

在上圖中，只有第1層的資料夾以主題別來區
分，底下則按照年、月和時間序列來製作副資
料夾。但是，當一個月份當中會多次產生新檔
案時，就再製作以「日」為序列的資料夾。

✔ 檢視
CHECK

在桌面上製作
「其他」資料夾

「不知道哪個檔案放在哪個資料夾當
中」。這是針對「透過電腦做檔案管
理時經常發生的失誤」一事對企業進
行問卷調查時所得到的幾個答案之
一。這種狀況幾乎都發生在隨便將檔
案收納在某個資料夾當中的時候。但

是，工作種類多不勝數。有檔案不符
合目前現有的任何一個資料夾的情況
是必然會產生的。因此，不妨製作一
個「其他」的資料夾，把無法分類的
檔案都集中到裡面。

CHAPTER 1

14

將不使用的
檔案加以廢棄

為每天持續增加的
檔案踩煞車

檔案每天都會持續增加。如果沒有定期執行廢棄作業，電腦很快地就會塞滿各種檔案，結果就沒有辦法立刻找出必要的檔案，這正是導致工作效率下降的原因。所以，1年以上未曾使用的檔案或已經過了保存期限的東西要積極地做廢棄的作業。如果無法確定是否該廢棄，就製作一個「保留」資料夾，將檔案放進去做暫時保管。此時要避免用「資源回收筒」做暫時保管的工作。萬一哪一天出現需要用到的情況，要從「資源回收筒」當中找出目標中的檔案就非常地麻煩了。

☐ 廢棄檔案也是很重要的工作

☐ 檔案不易尋找

☐ 電腦的運轉速度變慢

儘管電腦的容量很大，長期保管不必要的檔案或資料夾也不是一種很理想的作法。檔案或資料夾越增加，尋找必要的東西時就越困難。此外，電腦容量再怎麼大，也總是有其限度的。隨著保管的東西不斷增加，就會產生運轉速度變慢的問題。

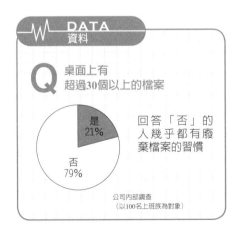

DATA 資料

Q 桌面上有超過30個以上的檔案

是 21%

否 79%

回答「否」的人幾乎都有廢棄檔案的習慣

公司內部調查
（以100名上班族為對象）

檔案的廢棄方法

檔案每天都會增加。因此,如果沒有定期執行廢棄的作業,電腦很快地就會塞滿各種檔案。

廢棄時的判斷標準

□1年以上未使用的東西
□過了保存期限的檔案

廢棄檔案時,以上面的檢視項目為標準,按照順序從老舊的檔案開始廢棄。

定期執行廢棄的作業

把廢棄檔案的時間列入行程表當中

確認檔案的產生頻率,以1個月或者1週的步調執行廢棄作業。

無法確定是否廢棄時

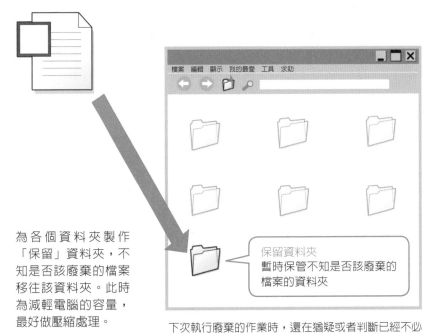

保留資料夾
暫時保管不知是否該廢棄的檔案的資料夾

為各個資料夾製作「保留」資料夾,不知是否該廢棄的檔案移往該資料夾。此時為減輕電腦的容量,最好做壓縮處理。

下次執行廢棄的作業時,還在猶疑或者判斷已經不必要的東西就可以廢棄了。

15

順暢地
搜尋檔案

想讓搜尋工作有效率，
平日的準備工作很重要

搜尋功能可以說是電腦無可取代的機能。因為電腦的容量很大，有時候無法找到必要的檔案或資料夾。此外，只要執行本書中所介紹的電腦建檔工作，幾乎都可以找到想要的檔案或資料夾。但是，還是有例外的情況，此時就只有仰賴搜尋的功能了。為因應這種情況的產生，平常就要在檔案名稱上多下工夫，以備在有必要的時候會比較容易進行搜尋。以下介紹其基本的技巧。

☐ 搜尋功能有其重要地位的理由

檔案難以尋找時，
搜尋功能就派上用場

只要平常做好電腦的建檔工作，就可以預防檔案混亂或遺失。但是，隨著檔案或資料夾的增加，有時候要尋找目標檔案就變得困難重重了。為預防這種事情發生，事前了解搜尋的方法應該是有幫助的吧？

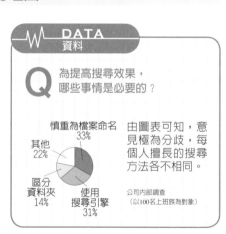

DATA 資料

Q 為提高搜尋效果，哪些事情是必要的？

慎重為檔案命名 33%
其他 22%
區分資料夾 14%
使用搜尋引擎 31%

由圖表可知，意見極為分歧，每個人擅長的搜尋方法各不相同。

公司內部調查
（以100名上班族為對象）

☐ 如何更快速搜尋檔案和資料夾

本文將介紹更快速地搜尋必要的檔案和資料夾的方法。緊急時刻非常有用，請務必要記住。

為檔案取一個
容易搜尋的名稱

在為檔案命名時多下一點工夫，在搜尋時就可以快速而明確地找到目標。檔案名稱最好按照「專案名稱」「文件名稱」「日期」的順序來標記。如此一來，在搜尋時，日期就會是一條有力的線索，方便尋找。此外，在資料夾內進行管理時，以檔案名稱重新排列時，就會變成檔案更新後的順序。

新商品活動 / 預算 20101004.xls

　　專案名稱　　　　文件名稱　日期

日期的標示方法務必要統一。如果沒有統一，就得透過一個以上的標示來進行搜尋，會多花費工夫。

把經常使用的資料夾
加入「我的最愛」

如果有經常使用的資料夾，可以加入Windows的「我的最愛」。如此一來便可以從資料夾視窗的工具列立刻打開資料夾。

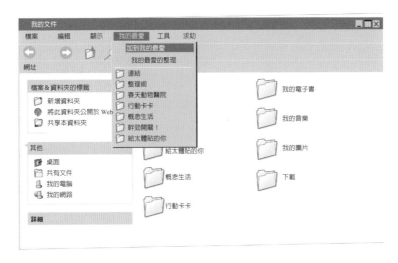

電子郵件的建檔方法

收到的信件按照主題別加以分類

用收件匣管理信件時，會產生幾種缺點。第1種，想重新檢視以前的郵件時，要花工夫去搜尋。有些人甚至一天之內會收到100封以上的信件，此時搜尋信件就更麻煩了。第2種，當收件匣裡存放著各種不同的電子郵件時，重要的郵件也會被埋沒在其中。基於這些理由，本書建議按照主題別將收到的電子郵件分別存放。下班離開公司時，如果能清空收件匣，就可以有效地管理郵件，也容易為工作做個區隔。

☐ 電子郵件也需要建檔

思考重新檢視電子郵件時所花的工夫

我們經常有機會重新檢視電子郵件，譬如想確認過去的案件時。此時，如果要一封一封地去確認無數的郵件，只為了找出所需要的那一封信時，往往就要花上很多的時間。為了解決這個問題，必須製作按照主題別來區分的資料夾，將每封收到的郵件分別存放進去。

✕NG NO GOOD!!

在收件匣中做郵件管理是很危險的事

收件匣當中有各種不同案件的信件。如果在這種狀態下進行郵件管理，當然就要花時間搜尋郵件，而且也會搞不清楚哪一封是重要的郵件。

□ 電子郵件的管理方法

製作資料夾

電子郵件的建檔方式就是按照主題別，將資料夾分開加以管理。以下介紹資料夾的作法：

STEP 1

如果使用Outlook Express，就點擊工具列中的「檔案」，然後再點擊「資料夾」內的「新增資料夾」。

STEP 2

只要將收到的郵件拖曳到建立起來的資料夾中，就可以將郵件分別放進資料夾中。

將資料夾分為3個階層

按照主題別將建立的資料夾分開來，將各個郵件分別存放進去。把各資料夾分成3個階層來管理，日後就很容易檢視。如此一來，大致上就可以搜尋到必要的郵件，如果找不到時，就必須使用到搜尋功能了。此時到第2階層搜尋文件名稱，應該就可以找到了。

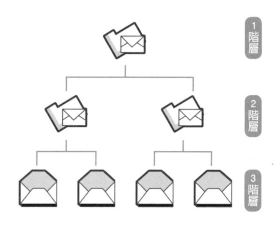

1階層

2階層

3階層

17

備份是工作上的
常識

預防隨時可能上門的
危險的重要性

製作文件時,電腦突然發生故障。如果遺失的只是製作中的文件,損失還在可控制的範圍內,但是萬一所有的資料都消失的話,就會對工作造成很大的影響。如此一來,工作當然不得不中斷,而且還會累積壓力,搞不好,連工作的動能都會因此削減。此外,消失的資料也許還會造成四周人的困擾。我們要做的事情就是隨時做好面對不知何時會上門的危險的準備。只要做好這種心理準備,應該自然地就會養成做好備份的習慣。

☐ 備份的重要性

思考因為遺失資料
而造成的影響

使用電腦時,最讓人害怕的事情就是突如其來的故障。如果沒有做好備份,往往就會失去所有的資料。如果失去的是重要的檔案,那麼事情就更加嚴重了,不只是個人,也會對公司造成困擾。

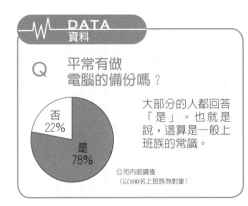

DATA
資料

Q 平常有做
電腦的備份嗎?

否
22%

是
78%

大部分的人都回答「是」。也就是說,這算是一般上班族的常識。

公司內部調查
(以100名上班族為對象)

□ 備份在什麼東西當中

本文將介紹應該將備份存放在什麼東西當中。適當的記憶媒體會因資料的容量或使用方法而有異，所以購買時要注意。

經常被拿來使用的記憶媒體有「行動硬碟」「CD-R」「USB隨身碟」等3種。在這些工具當中，如果要把資料當成備份來保存的話，容量大的行動硬碟是最好的工具。從某方面來說，CD-R和USB隨身碟多半都被拿來當成交付資料用或攜帶用。尤其因為USB隨身碟可以複製，所以機動性更顯濃厚。

行動硬碟

CD-R

USB隨身碟

 檢視
CHECK

短時間之內執行備份作業

如果沒有經常做備份，那麼這個行為就沒有意義了。因為，檔案每天都在增加，如果在做備份之前，電腦就發生故障的話，損失的資料將會很多。所以，可能的話，最好1天做1次備份。

CHAPTER 1

18

在名片上寫上
必要的情報

創造商機的
名片術

一般人都知道「在名片上寫上情報」的用意。但是，大部分的人都只記下必要的情報，以便自己能夠回想起對方的長相和姓名。本書中除了討論這些基本要項之外，還涵蓋了在名片上寫上擴展商機的情報，以及日後如何加以活用的訣竅。也就是說，將名片活用為商場上的武器。此外，寫在名片上的日期也算是和建檔的工作有很深關係的內容，可望成為廢棄時的判斷標準。所以，檢視名片的同時還要明確地意識到建檔的工作。

□ 不要仰賴記性，要留下紀錄

避免錯失商機的名片術

建議你，名片上除了寫下日期或地點等基本的情報之外，也要記錄下與對方相關的情報。因為，寫在名片上的情報不只是為了在下次再度碰面時讓自己回想起對方的姓名和長相而已。如果能夠了解一些與對方相關的情報，會話範圍會更形擴大，也會更懂得如何與對方接觸，有利於擴展商機。

☐ 寫在名片上的情報

拿到名片時，當天就一定要將情報寫上去。以下介紹該具體地寫些什麼情報比較好。

寫在名片背後的情報

☐日期 ☐場所 ☐要件 ☐對方的特徵
☐介紹人 ☐同席者
（可能的話，也寫上畢業大學、出身地、興趣、特殊技能等）

在商談或會議等場合拿到名片時，要趁記憶尚鮮明的當天就寫下情報（參考上述的檢視項目）。如果能夠連對方的興趣都寫上去的話，下次再碰面時，話題就會更寬廣，或許可以創造另外的商機。但是，如果要在所有的名片上都寫上情報，那將會是一個很辛苦的作業。而且也有很多人是不會再碰面的。所以，要設下自己的判斷標準，譬如只有交談10分鐘以上的人才需要在名片上寫下情報。

檢視
CHECK

寫對方的特徵時的重點

為了避免發生忘了對方的姓名或長相的失態狀況，最好將對方的特徵寫在名片上。寫情報時，不管對方當天穿了多麼具有特色的衣服都不用寫下來，因為下一次對方不見得還會穿同樣的衣服。當然也不能寫下對對方失禮的事情。

☐長相
☐體型
☐外表看起來的年齡
☐說話的方式

把寫下的情報轉化成為商機

在名片上寫下工作以外的情報會非常地有助益。舉例來說，如果知道男客戶喜歡吃生魚片，或者喜歡在當地的俱樂部打棒球等與當事人相關的情報，就鉅細靡遺地寫下來。如果能夠掌握這些情報，適時地提到相關方面的情報的話，對方的觀點就會整個改變。雙方的溝通也會變得更順暢，朝著成功的商務邁進一大步。

 檢視
CHECK

將情報寫在
名片上時的重點

□ 不要當著對方的面書寫
　沒有人喜歡別人當著自己的面寫關於自己的事情。一定要在離開公司之後才寫上。

□ 拿到名片當天就寫上
　趁記憶還鮮明的時候寫上，避免記錯內容。

□ 不要讓對方看到名片
　即使沒有寫失禮的事情，看到寫有自己相關情報的名片總是會讓人感到不快。

□ 給人好印象的名片交換方式

這個話題有點脫離主題，但是如果不懂這個禮儀，就算再怎麼努力在名片上寫情報，工作也無法順利推展。就當成是一種二度確認的作業，參考一下吧。

▌基本的名片遞交方法

基本上，要由下位者主動遞出。但是，拜訪對方時，原則上則由訪問者先遞交。

▌比較慎重的遞交方式

握住名片兩端，避免遮住上頭的文字，確認對方的姓名「您是○○先生吧」。

同時交換名片時

用右手遞出自己的名片，用左手接下對方的名片。禮貌上訪問者的名片要置於略下方。

▌交換後，名片的擺放方式

接過名片之後，不要收起來，直接放在桌面上。注意不要和資料重疊或掉落。

✕NG　NO GOOD!!

交換名片時的注意事項

□交換名片時沒有站起來
　坐著接過對方遞過來的名片會讓對方覺得你很粗魯。

□隨便處理對方的名片
　不要掉落或彎摺交換來的名片，要慎重處理。

□把名片倒過來遞交
　看似貶低自己的價值，對對方也是一種失禮的行為。

CHAPTER 1

19

建檔的基本
（名片篇）

以簡單的方法
發揮最大效果的名片建檔

我們經常會看到為做名片的建檔而感到苦惱的人。因為一般人都不知道如何有效率地管理大量的名片。為了解決這個問題，本書介紹了準備2個名片盒，將經常使用的名片和另外的名片分開來管理的方法。另外，還可以做出專用的間隔，將使用頻率比較高的名片和其他的名片做一區隔。在為名片做建檔時，最重要的一點是在為數眾多的名片當中，是否能夠快速地取出必要的名片。關於這一點，這種方法雖然簡單，卻可以說是相當有效果的。

□ 名片的建檔方法

將經常使用的名片和
另外的名片做分類

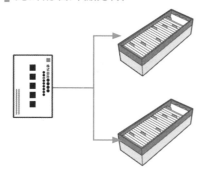

經常使用的名片
準備2個名片盒，將經常聯絡的人的名片按照英文字母的順序（以企業為單位）收納在這個盒子裡。

另外的名片
鮮少聯絡的人的名片按照英文字母的順序（以企業為單位）收納在這個盒子。

☐ 隨身攜帶名片時

本文將介紹如何隨身攜帶經常使用到的名片。這種技巧是業務人員等經常在外面奔波的人務必要採用的方法。

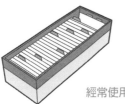

經常使用的名片

準備一個名片盒，裡面只收納經常聯絡的人的名片

用手機做管理

將名片的情報輸入手機裡。因為可以不用帶著名片四處跑，優點是可以減輕行李的重量。

用名片夾做管理

把名片放進名片夾裡帶著走。也可以按照主題別，將名片夾區分開來，方便取用。

輸入手機裡的
名片情報

姓名以「公司名稱＋姓名」的模式輸入。情報內容包括電話號碼、傳真號碼、郵件地址等。

| 將特別經常使用的
| 名片做個別管理

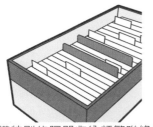

準備特別的隔間收納頻繁聯絡的人的名片，使其特別顯目。

✓ 檢視 CHECK

同一家公司的名片
有好幾張時

外出洽公時，除了負責人之外，往往都還會拿到5～6人份的名片。此時不要將所有的名片統一做管理，最好單獨將負責人的名片收納在經常使用的名片盒裡。然後將其他的名片收納在另外的名片盒裡。

廢棄名片時的
規則

消除廢棄名片時的抗拒感
是很重要的事情

名片或許是讓人難以丟棄的物品中的最佳代表實例。雖然有1年以上完全沒有聯絡了，但是以前曾經關照過我們的人的名片實在很難讓人丟得了手。但是，要知道，這是使工作效率化的必要作業，咬牙將名片給丟了吧。如此一來，由於名片的數量減少，就能得到容易管理、可以立刻取出必要的名片的成功體驗，而對廢棄名片所產生的抗拒感應該就會消失了。先嘗試做一次吧。

☐ 廢棄名片的重要性

名片要活用
才有其價值

是否要丟棄名片有兩種截然不同的論述。但是，如果名片不斷增加，導致無法管理的話，要找出必要的名片就很難了。基於這個理由，本書建議要定期地執行名片的廢棄作業。沒有聯絡的對象的名片在商場上來說是沒有意義的。

DATA
資料

Q 有廢棄名片的習慣嗎？

否
29%

是
71%

在回答「是」的人當中，曾經因為丟棄名片而感到後悔的人非常少。

公司內部調查
（以100名上班族為對象）

☐ 名片的廢棄方式

即便決定要廢棄了，但是名片這種東西畢竟讓人很難說丟就丟。所以，本文中將介紹廢棄名片時的明確判斷標準。

▌1 年進行 1 次名片的 廢棄作業

定期地執行名片的廢棄作業吧。大部分的人只要1年執行1次就足夠了。但是，拿到名片的機會特別多的業務人員就需要將時間做個調整，縮短廢棄作業之間的間隔。此外，當名片盒塞滿名片時，也要進行同樣的作業。

▌不知是否 該廢棄時

不知是否該廢棄名片時，可以將名片的正反面影印在A4大小的紙張上來加以保管，如此一來就不會佔用收納空間。此外，影印過的名片就已經沒有必要了，可以立刻加以廢棄。

接獲名片

將交談超過10分鐘以上的人的情報寫在名片上

保管名片

名片的整理

廢棄名片的判斷標準在於已經有1年以上沒有聯絡，還有不確定是否想得起對方的長相。有些名片雖然讓人想不起所有者的長相，卻是相當地重要，不過因為名片背面寫有重要的情報，所以不會構成問題（參考P.73）。

保管　　　廢棄　　　保留

✓ 檢視 CHECK

轉讓名片 也是一種選擇

轉調其他部門時，不要因為名片已經派不上用場就加以廢棄。此時要把名片當成部門的貴重資產，轉讓給留下來的後進吧。

PLANNERS

以手冊術來
整理情報

INDEX

CHAPTER2

1

找到適合自己
使用的手冊

了解自己適合什麼樣的手冊，
以便於熟練使用

明明買了自己喜歡的手冊，卻又完全沒有派上用場，有這種經驗的人出奇地多。想要熟練使用手冊，第一步就是要先找到適合自己的手冊。但是，手冊卻有千百種之多。說要買手冊，就茫茫然地跑到賣場去，結果往往會被手冊的種類之多搞得暈頭轉向。手冊的種類之所以如此之多，那就代表使用方法就有那麼多。購買手冊時，要先考慮自己的工作內容還有使用場所。如此一來，自然就會選購適合自己使用的手冊了。

☐ 手冊的大小

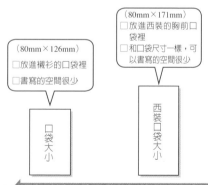

✓ 檢視
CHECK

**思考如何
使用手冊**

選購手冊的大小時，如何隨身攜帶？要寫多少內容？這就成了判斷的標準。經常外出，重視攜帶性的人宜選擇簡便型，而書寫內容比較多的人則最好選擇尺寸大一點的手冊。

（80mm×126mm）
☐放進襯衫的口袋裡
☐書寫的空間很少

口袋大小

（80mm×171mm）
☐放進西裝的胸前口袋裡
☐和口袋尺寸一樣，可以書寫的空間很少

西裝口袋大小

◀ 適合經常外出或在外移動的人

□ 手冊的種類型

手冊有2種。一種是像書本或筆記本一樣將書頁裝訂起來的「裝訂手冊」，另一種則是可以自由訂製的「系統手冊」。如果剛開始使用手冊，備有必要書頁的裝訂手冊會比較方便使用。

裝訂手冊

優點	缺點
□ 每年都要重新購買，心情也跟著轉換 □ 製作方式很簡單，方便使用 □ 攜帶方便 □ 價格平易近人	□ 可以填寫東西的空間有限 □ 無法按客戶需求訂製 □ 無法做資料等的建檔作業

系統手冊

優點	缺點
□ 可以重新裝填書頁，按個人需求製作 □ 可以做資料等的建檔 □ 可以書寫的空間很多	□ 笨重而體積大 □ 價格昂貴 □ 使用不容易上手

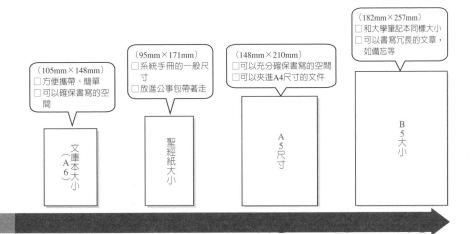

（105mm×148mm）
□ 方便攜帶、簡單
□ 可以確保書寫的空間

文庫本大小（A6）

（95mm×171mm）
□ 系統手冊的一般尺寸
□ 放進公事包帶著走

聖經紙大小

（148mm×210mm）
□ 可以充分確保書寫的空間
□ 可以夾進A4尺寸的文件

A5尺寸

（182mm×257mm）
□ 和大學筆記本同樣大小
□ 可以書寫冗長的文章，如備忘等

B5大小

☐ 手冊的版面設計

方便使用的版面設計因書寫的量，還有工作的節奏而各有不同。要先了解有什麼樣的版面設計，選購適合自己使用的手冊。

月份型

像月曆一樣，對開頁，一眼就可以看到一整個月份的行程計畫。有以週一為一週起點和以週日為起點的不同版面，主要使用於工作上時，以週一為起點的版面比較方便使用。

1 JAN						
一	二	三	四	五	六	日

建議這種人使用
☐不習慣使用手冊的人
☐從事長期工作的人
☐1天當中沒有多少預定計畫的人

左右對開雙週型

1頁為1週，對開頁，可以看到2週份的行程的類型。可以一眼就掌握約半個月份的行程。方便管理中、長期的行程計畫。缺點是書寫的空間很少。

一	一
二	二
三	三
四	四
五	五
六	六
日	日

建議這種人使用
☐覺得月份型手冊的書寫空間不足的人
☐從事中、長期工作的人

垂直型

左右對開，有1週份的行程欄，以每30分鐘或1個小時來區隔。備忘空間有限，但是容易掌握1天的行程，可以實施細部的時間管理。

一	二	三	四	五	六	日	MEMO

建議這種人使用
☐1天當中有多個約會或會議的人
☐想明確做好時間管理的人
☐用筆記本或電腦做備忘的人

一週左頁型

左頁是1週份的行程欄，右頁則有備忘欄的類型。可以一眼就掌握1週份的行程計畫，因此容易管理，因為有大面積的備忘欄，容易書寫。

一	MEMO
二	
三	
四	
五	
六	
日	

建議這種人使用
☐想讓手冊的書寫作業更充實的人
☐1天當中有多個約會或會議的人
☐從事短、中期的工作的人

☐ 了解適合自己使用的手冊的版面設計

手冊的版面設計必須符合工作型態來做選擇。首先透過圖表來確認你適合哪一種類型吧。

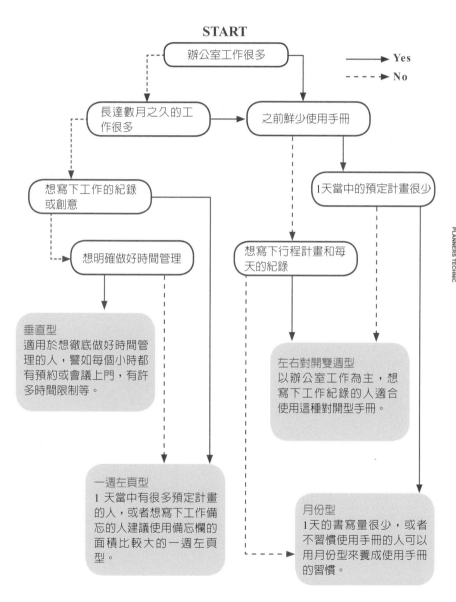

START

辦公室工作很多

⟶ Yes

- - -▸ No

長達數月之久的工作很多

之前鮮少使用手冊

想寫下工作的紀錄或創意

1天當中的預定計畫很少

想明確做好時間管理

想寫下行程計畫和每天的紀錄

垂直型
適用於想徹底做好時間管理的人，譬如每個小時都有預約或會議上門，有許多時間限制等。

左右對開雙週型
以辦公室工作為主，想寫下工作紀錄的人適合使用這種對開型手冊。

一週左頁型
1天當中有很多預定計畫的人，或者想寫下工作備忘的人建議使用備忘欄的面積比較大的一週左頁型。

月份型
1天的書寫量很少，或者不習慣使用手冊的人可以用月份型來養成使用手冊的習慣。

CHAPTER2

商務場合
爲何需要手冊

熟練使用手冊
就可以讓工作順利進行

手冊不只是用來塡寫預定計畫。它同時也是用來思考如何推動工作？如何才能讓工作有效率的自我管理的工具。只要有這種想法，就可以快速地投入工作當中，確保自己的時間。此外，手冊也是最貼近我們生活的手寫工具。因爲我們可以記錄下該做的事情，輕鬆地寫下對我們有幫助的情報。養成隨時備忘情報的習慣，不但可以儲存知識，而且還可以提高思考的能力，鍛鍊我們的情報處理能力。

☐ 使用手冊的優點

行程管理	工作的效率化
使用手冊的最大目的是行程管理。關鍵在於不要被每天的工作追著跑，思考如何管理時間，按照自己的想法來推動工作。	使用手冊的人和不用手冊的人之間最大的差異就在於工作的效率。只要使用手冊，就可以客觀地知道什麼工作處於什麼樣的狀態。
個人時間的充實度	**預防錯誤**
只要能夠按照自己的方便來管理工作，自己的時間自然就會增加。也就是說，可以同時增加工作和個人時間的充實度。	把自己發現到的事情，或者之前不上手的事情備忘在手冊上就可以預防發生同樣的錯誤，累積自己的 know how。

□ 使用手冊和不使用的人之間的差異

工作稱不稱職的差異不在能力，能否做好自我管理才是最大的原因。以下就讓我們來比較一下，使用手冊的人和不用的人之間有什麼樣的差異。

使用手冊的人

- □ 遵守交貨期限、行程
- □ 正確而快速地完成工作
- □ 鮮少加班
- □ 鮮少出錯
- □ 隨時顯得遊刃有餘的樣子

不用手冊的人

- □ 經常延誤交貨期限
- □ 被雜事追著跑，工作大而化之
- □ 經常加班
- □ 反覆犯下同樣的錯誤
- □ 雖然很努力，但是工作始終做不完
- □ 不懂工作的優先順序

手冊術 PLANNERS TECHNIC

四周人眼中的你！

使用手冊的人	沒有使用手冊的人
□ 徹底做好自我管理，值得信賴 □ 對工作充滿活力和幹勁	□ 覺得無法做好自我管理 □ 無法按照行程做事，無法信任

STEP 1

先安排自己的預定
計畫

STEP 2

把新的預定計畫安排到
空出來的時日

所謂的行程計畫就是和自己約會。首先，先決定自己的預定計畫，不只限於工作上。至於新的預定計畫則安排到空出來的時日。如此一來，就不會有取消私人的約會，被工作要得團團轉的情況發生。

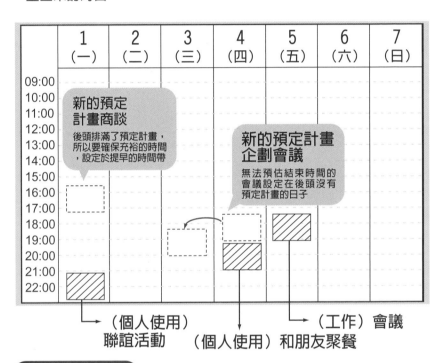

	1 (一)	2 (二)	3 (三)	4 (四)	5 (五)	6 (六)	7 (日)

新的預定
計畫商談
後頭排滿了預定計畫，所以要確保充裕的時間，設定於提早的時間帶

新的預定計畫
企劃會議
無法預估結束時間的會議設定在後頭沒有預定計畫的日子

（個人使用）
聯誼活動　　（個人使用）和朋友聚餐　　（工作）會議

✕NG NO GOOD!!

行程計畫
不只是工作上的預定計畫

有很多人滿腦子都只有「努力工作」，手冊上只寫著工作上的預定計畫。但是，在安排工作的預定計畫

之前，先寫上個人的預定行程，這也是行程管理的方法之一。先把自己所期待的預定計畫寫上去，就可以激發「在○日之前，要把工作做個結束」的動機。

□ 讓我們熟練使用手冊的工具

活用手冊只有3個重點。只要「書寫」預定計畫或備忘來做記錄，「檢視」手冊藉以回想，執行與下個預定計畫或創意相關的「確認」作業，如此一來，任何人都可以熟練使用手冊。

STEP 1

有預定計畫就要立刻寫上

養成一旦決定了約會或預定計畫就立刻寫到手冊當中的習慣。只要確實寫好，之後就只要按照計畫來推動工作就可以了。如此一來可以預防忘了截止日等的粗心過錯。

STEP 2

1天當中要多次檢視手冊

1天當中要多次回頭檢視寫在手冊中的預定計畫或備忘。隨時確認自己現在應該做些什麼事，如此一來，便可以使工作順利地推動。拿掉桌曆，將手冊擺放在桌上也是一個方法。

STEP 3

確認備忘內容，活用今後的時間

工作中發現的事情、用來反省的備忘內容都是屬於個人的know how。重新審視這些事情，可以提升工作的品質。此外，只要知道哪個工作要花費多少時間，就很容易可以擬定今後的行程計畫。

CHAPTER2

3

活用手冊的
基本知識

實現夢想所不可或缺的工具

被工作追著跑，轉眼之間，又過了1年──相信每個人都有過這種經驗。可是，如果就這樣過了2、3年的時間，10年後的你可以實現你的夢想嗎？爲了成爲想像中的「我想變成這樣」的自己，就必須擬定計畫，付諸行動。而在忙碌的每一天當中，想要實現夢想或目標，我們可以活用的工具便是手冊。除了工作上的目標之外，把取得證照資格等個人的目標也具體地寫上去，我們該做的事情就會變得明確。此外，回頭審視已經實行的內容，也可以讓我們確認進度狀況。

☐ 實現夢想的過程

STEP 1　具體地寫上夢想

　　買到手冊之後，就具體地寫上長期的目標，譬如「在國外擁有自己的店」「獨立創業」等。

STEP 2　擬定1年的目標

　　從「業務績效No.1」等的工作目標到「海外旅行」等的個人目標都一併寫上去。

STEP 3　思考1個月、1星期所要實行的事情

　　一旦決定了年度的目標，接下來就只要付諸實行就好了。只要仔細地思考幾月之前要做什麼，自然地就可以看清楚1個月、1個星期之內所該做的事情。

手冊除了寫上預定計畫之外,還有很多種活用的方法,譬如寫上使夢想實現的目標,或者工作上必要的備忘等。

寫上目標

寫長期的夢想或年度目標時,盡可能寫出具體的內容,譬如「35歲獨立經營咖啡店」等。寫上數字也可以。

行程的管理

通常內容寫最多的都是每天的預定計畫。也可以寫上截止時日、約會、會議或商討、突發的案件或個人的預定計畫。

做備忘

把隨著行程計畫而產生的補強情報(應該準備的東西、拜訪對象等)或工作上注意到的事情、ToDo清單、書籍或電影的感想寫下來。

將資料或情報帶著走

把地圖或路線圖等必要的資料粘貼在手冊上帶著走。如此一來,必要時就可以隨時拿來做參考,非常方便。

4

填寫行程的
方法

因為一眼就可以掌握內容，
行程計畫才有意義

行程計畫欄的書寫空間是有限的，因此，如果沒有章法地胡亂填寫，很
快地就會塞滿文字。如此一來，就有可能發生約會重疊，或者忘了截止
時日之類的粗心錯誤。只有在隨時打開手冊時，都可以一眼就了解「何
時和誰為了什麼事情進行商討、約會變更之後的時間是何時」等之類的
事情，填寫行程才具有意義。本文將介紹基本的行程計畫的填寫方法。
實際嘗試，摸索出屬於自己的作法吧。

□ 填寫時用顏色來做區別

用不同的顏色來加以區隔，行程內容就可以分得一清二楚了，譬如工作
上的預定計畫用黑色、緊急事件用紅色、重要事物用藍色、個人事項用
綠色等。

9 SEPTEMBER						
一	二	三	四	五	六	日
1	2	3	4	5	6	7
		15~16 商談		19~ 用餐	20~ 研修會	
8	9	10	11	12	13	14
	製作 資料~	→	13~15 專案會議	簡報		
15	16	17	18	19	20	21

黑
「商談」等一般性的工作

紅
截止日即將到期等的緊急工作

藍
「簡報」等重要的預定計畫

綠
「和朋友聚餐」等的個人預定計畫

☐ 活用有限的空間

每1天的行程計畫欄都只有有限的書寫空間。因此，必須將必要的情報簡化之後寫上去。此處將介紹活用手冊的填寫空間的方法。

9 SEPTEMBER

一 MON	二 TUE	三 WED	四
1	2	3	4
13～15 A公司簡報			
8	9	10	11
12　午餐 　　田中先生 16　公司內部會議	資料截止日		

先寫上時間，之後再寫事件內容

只簡要地寫上關鍵字

▌空間活用方法①
▌先寫上時間

據說人的大腦對時間的感覺非常地敏感。在寫預定計畫時，從時間先寫起會比較容易進入腦袋當中。此外，用電話或電子郵件確認預定計畫時，也按照「時間＋事件內容」的順序來書寫時，腦海中會比較容易將預定計畫做個整理。

以時間為優先考量的優點

☐預定計畫容易進入大腦
☐方便在腦袋中整理行程

▌空間活用方法②
▌用關鍵字來書寫

舉例來說，有「9月1日13時起在A公司做新商品的簡報」的活動時，如果直接寫上去，不但佔用空間，而且也不方便看。另一方面，如果只使用名詞來書寫預定計畫，不但不會削減必要的情報，還可以用最低限度的空間來填寫。

用關鍵字書寫的優點

☐可以在最低限度的空間中書寫
☐可以縮短書寫的時間

空間活用方法③
使用記號、簡稱

「會議」或「商討會」等經常使用的關鍵字以自己的記號來代替,將可有效活用書寫的空間。此外,填寫的速度也比全部寫出來要快速,就算被別人看到,也不容易搞清楚個中意義,這也是優點之一。

記號、簡稱的優點

□書寫的速度加快
□不怕被別人看到

8 一 MON	11 A公司小川先生 ⓣ+Ⓕ 15~16 SL部MTG
9 二 TUE	10~12 團隊 ㊚ ☆製作簡報資料
10 三 WED	!　資料→山本 B
11 四 THU	㊞ 　　　　　　15 B公司 ㊙? 晚餐
12 五 FRI	
13	

記號的模式

記號	意義	記號	意義
tel／ⓣ	打電話	㊙	訪問
mail／ml	傳送郵件	B	部長
fax／Ⓕ	傳送傳真	K	課長
〒	寄出信件	SL部	業務部
PT	列印	P部	企劃部
M／MTG／㊟	會議、商討會	☆	重要
㊚	商談	?	未確定
㊞	出差	!	要確認
㊜	訪客	×	取消、變更

✓ 檢視 CHECK

使用自己可以掌握的範圍的記號

記號或簡稱再怎麼方便,如果使用數量過多,就會搞不清楚記號代表什麼意義。使用記號或簡稱時,要控制在自己可以掌握的範圍之內。另外一種方法就是只使用於會議或商討等經常使用的用語。

空間活用方法④
尚未確定的預定計畫可使用
自粘便利貼

有時候無法立刻敲定約會，日程無法確定。此時就將尚未確定的預定計畫寫在自粘便利貼上，粘貼於行程欄上。待時日確定時再寫在手冊上，如此一來就可以減少不必要的書寫作業。

使用自粘便利貼的優點

□可以減少不必要的書寫
□可以立刻確認尚未確定的預定計畫

①將預定計畫備忘在自粘便利貼上，粘貼於行程欄

8 一 MON	
9 二 TUE	10日～12日 山田先生 來 ?
10 三 WED	
11 四 THU	14 山田先生 來
12 五 FRI	②待日程確定之後，就寫進手冊當中
13 六 SAT	
14 日 SUN	

檢視 CHECK

預定計畫少的人
就寫下想做的事情

行程計畫欄的空白處很多，想讓填寫內容看起來更充實的人可以用關鍵字來書寫自己想做的事情或想去的地方。「想寫更多」的心情就是想改變自己的行動的積極表徵。就算當天無法立刻付諸行動，只要等到有空檔的時候回頭檢視手冊，一個一個加以實行就可以了。此外，也可以把當天吃過的東西記錄下來，有助於做健康管理。

讓書寫內容更充實的方法

□寫下每天的目標，提高動機
□將想做的事情、在意的事情備忘下來
□記錄飲食內容，進行健康管理

記錄當天吃下的東西，對健康管理有幫助

8 一 MON	搭乘早2班的電車	朝 咖啡／麵包 午 炸肉餅定食 晚 啤酒／拉麵
9 二 TUE	看午夜場	朝 無 午 炒蔬菜 晚 烤沙丁魚定食
10 三 WED	○○車站的咖啡廳	朝 三明治 午 無 晚 烤肉
11 四 THU	把每天的目標或在意的事情記錄下來	
12 五 FRI		

CHAPTER2

5

擬定中、長期的行程計畫

使用手冊
掌握1整年的節奏

想在截止日之前有效率地完成工作，管理行程是不可或缺的要素。1本手冊可以記錄下1年份的行程計畫，而工作內容有例行會議或公司內部活動、暑假等每年固定會有的行程。購買手冊之後，就立刻將這些已經決定的日程記錄進去吧。如此一來，就可以掌握1整年的節奏。當中、長期的工作進來時，首先要先寫上去的便是成為目標的截止日期。確定何時、如何做什麼事，然後再將時間倒算回去，擬定計畫。

☐ 擬定行程計畫之前要掌握的事情

注意工作的開始時期和結束時期

1年只有52個星期。如果使用左右對開，有1星期份的行程欄的手冊時，1個月也只有4頁份。舉例來說，如果是3個月就要結束的工作，在手冊的12頁份的期限內就得結束該工作。能否意識到工作的起始和結束時日就會在管理行程的能力上產生很大的差異。

□ 行程計畫的擬定方式

STEP 1

擬定年度計畫

新拿到手冊時，不要急著開始寫每天的預定計畫，應該率先寫上這1年當中想達成的目標和已經決定的預定計畫。如此一來，就可以大致掌握哪個時期該做什麼了。

STEP 2

擬定每月、每週的計畫

決定每月、每週的預定計畫時，不要拘泥於工作的間隔，先寫下截止日。將截止日之前要實行的事情加以細分，設定幾個達成點，如此一來，就可以看出當月、當週應該做的事情。

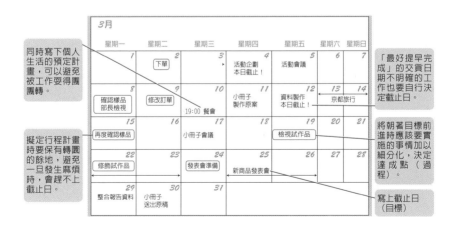

CHAPTER2

6

擬定每天的行程計畫

每天更新、記錄的計畫

當每月、每週的預定計畫決定之後，每天的行程也就跟著底定了。每天的預定計畫和中、長期的行程計畫不一樣，會隨著工作的進展狀況，每天都會有變化。今天該做的工作如果沒有做完，隔天就得以最優先的順序將該工作處理完。在離開公司之前，要確認「今天沒做完的工作」「明天應該要做的工作」「今天遭到變更的預定計畫」，將隔天的工作內容和順序列出清單。此外，為了將1整天下來的工作做個回顧，也要把今天所執行的工作做全盤的掌握。只要將每天的行程計畫明確地寫在手冊上，這時候就派得上用場了。

☐ 前一天就決定明天應該要做的事情

離開公司之前要確認今天把哪個工作推動到什麼程度，以決定明天的計畫。如此一來，隔天就不用去思考「從哪件事情做起」，可以立刻就順暢地開始工作。

離開公司之前	進公司後
☐今天沒做完的事情在隔天要列為最優先順序執行 ☐掌握當月、當週應該做的工作推動到什麼程度，萬一進度延遲，就要重新審視隔天的行程計畫	☐根據前一天就決定的行程計畫，可以立刻開始工作 ☐工作上不會產生漏失

□ 實施時間管理的行程計畫的寫法

想要有效率地推動工作，就必須擬定適當的、不浪費時間的預定計畫，以有效地使用時間。本文將介紹如何使用適合做時間管理的垂直型版面手冊，以有效率地書寫行程計畫。

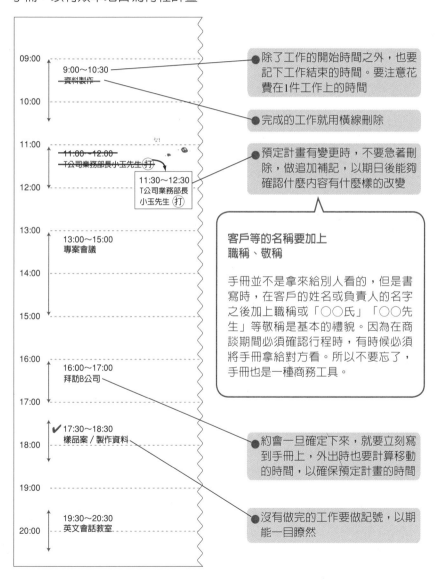

除了工作的開始時間之外，也要記下工作結束的時間。要注意花費在1件工作上的時間

完成的工作就用橫線刪除

預定計畫有變更時，不要急著刪除，做追加補記，以期日後能夠確認什麼內容有什麼樣的改變

客戶等的名稱要加上職稱、敬稱

手冊並不是拿來給別人看的，但是書寫時，在客戶的姓名或負責人的名字之後加上職稱或「○○氏」「○○先生」等敬稱是基本的禮貌。因為在商談期間必須確認行程時，有時候必須將手冊拿給對方看。所以不要忘了，手冊也是一種商務工具。

約會一旦確定下來，就要立刻寫到手冊上，外出時也要計算移動的時間，以確保預定計畫的時間

沒有做完的工作要做記號，以期能一目瞭然

☐ 擬定有效率的 1 日計畫的方法

與其按照順序完成工作，不如將外出計畫整合於1天當中，或者在可以集中精神的時間帶裡進行重要的工作，如此一來，便可以節省許多時間。

▌掌握集中力高的 時間帶

決定1天的行程計畫時，事先掌握自己可以集中精神的時間帶會比較理想。只要在這個時間帶裡從事比較重要或緊急度高的工作，工作的品質和效率也會跟著提升。

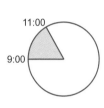

最可以集中精神的時間

☐ 有個人的差異，但是上午的時間帶，腦袋通常都比較清楚，多半可以集中精神
☐ 在可以集中精神的時間帶裡，盡量避免安排約會活動，專心從事重要度、緊急度高的工作
☐ 就算出現問題，也可以在下午的時間帶做處理

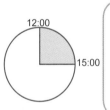

外出或商談的時間

☐ 從事外出或商談的活動，在心情上和上午的工作做個轉換
☐ 外出時同時整合一個以上的事項，縮短移動的時間
☐ 決定外出的日子和坐辦公室的日子，讓工作有個順暢的節奏

第2個能夠集中精神的時間

☐ 讓今天該做的工作做個結束
☐ 針對明天的工作進行準備或情報收集的工作
☐ 製作明天的ToDo清單

有效使用
空白時間

在決定1天的行程計畫時，在工作與工作之間要空出一段空白的時間。如此一來，就算會議延遲了，也不會影響到後面的計畫。此外，一旦有突發性的工作進來時，也可以利用這段空白的時間加以處理。

> 設定空白時間的理由
> ☐ 萬一會議或商談延遲時，後面的預定計畫也不會錯亂
> ☐ 可以即時處理預定外的問題或插進來的工作

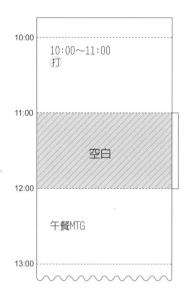

10:00

10:00～11:00
打

11:00

空白

12:00

午餐MTG

13:00

利用空白時間執行的工作

打電話或傳送郵件等

打電話決定約會或回覆郵件、傳真等可以利用這個空白時間整合進行。

公司內部的商談

利用空白時間從事部門內部的商討等容易調整時日的預定計畫，就不用變更其他的預定計畫。

收集情報或轉換心情

也可以利用空白時間從事新企劃的情報收集或轉換心情，以準備迎接下個工作。

穿插進來的工作

利用空白時間處理事前沒有決定的突發性工作，就不會造成其他工作的延遲。

CHAPTER2

活用 ToDo 清單

根據優先順序，掌握應該做的工作

工作各有不同的優先順序。首先要將目前手上的工作寫出來。然後從列出來的清單當中，為重要度、緊急度比較高的事情定出優先順序，決定這個月、這個星期、今天、空白時間應該做的工作。這就是所謂的ToDo清單。只要製作出這種清單，就可以客觀地理清無法單靠頭腦整理出來的事情。應該做的工作完成之後，就將寫在ToDo清單上的項目一個一個加以確認刪除。如此一來，就可以隨時掌握工作進度，同時也可以體驗達成感。

☐ 優先順序的決定方法

根據優先順序的高低，依序有「重要而緊急的事情」「重要但不緊急的事情」「不重要但緊急的事情」「既不重要也不緊急的事情」。 當截止日接近的工作有一個以上，無法決定優先順序時，就以牽涉的人數比較多的工作為優先考量。

優先順序確認表
☐ 截止日在何時　　　　　　　　☐ 文件等需要經過上司確認
☐ 牽涉到多少人（牽涉的人越多，　☐ 必須配合相關者的方便
　 優先順序就越前面）　　　　　☐ 準備和確認工作要花多少時間
☐ 需要委外下訂單　　　　　　　　（費時較久的事情必須優先推動）

□ ToDo 清單的使用方法

ToDo清單不只用來決定工作的優先順序。舉例來說,「提交企劃書」這個工作就涵蓋有「搜尋」「思考企劃案」「製作企劃書」等的細部工作,在掌握這些工作時,清單也能派上用場。

STEP 1 寫出該做的事情

將自己手上的工作都寫出來。有截止日的工作也要寫上時日,必須提交出去的東西也要寫上提交對象的負責人或上司的姓名。

STEP 2 決定優先順序

決定優先順序時要考慮截止日、牽涉的人數。優先順序排在最前面的是「只有自己能做＋截止日迫在眼前的事物」。

STEP 3 擺放在隨時可以看到的地方

ToDo清單要擺放在隨時可以看到的地方,譬如貼在手冊或電腦上,隨時記住應該要做的工作。

STEP 4 結束的工作要做確認

每處理完1件工作,就要做確認。這種確認的作業會成為工作的紀錄,增加充實感和達成感。

ToDo清單分為把目前手上的所有的工作都寫出來的「整體工作的ToDo清單」和每天更新的「每日ToDo清單」。使用方法都一樣，本文將介紹兩者的寫法。

整體工作的
ToDo 清單

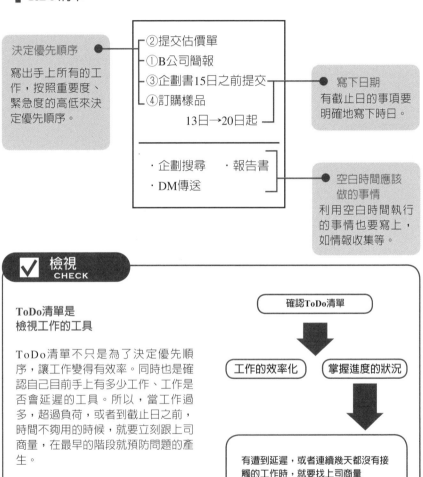

決定優先順序
寫出手上所有的工作，按照重要度、緊急度的高低來決定優先順序。

②提交估價單
①B公司簡報
③企劃書15日之前提交
④訂購樣品
　　　　　13日→20日起

寫下日期
有截止日的事項要明確地寫下時日。

· 企劃搜尋　· 報告書
· DM傳送

空白時間應該做的事情
利用空白時間執行的事情也要寫上，如情報收集等。

✓ 檢視
CHECK

ToDo清單是
檢視工作的工具

ToDo清單不只是為了決定優先順序，讓工作變得有效率。同時也是確認自己目前手上有多少工作、工作是否會延遲的工具。所以，當工作過多，超過負荷，或者到截止日之前，時間不夠用的時候，就要立刻跟上司商量，在最早的階段就預防問題的產生。

確認ToDo清單

工作的效率化　　掌握進度的狀況

有遭到延遲，或者連續幾天都沒有接觸的工作時，就要找上司商量

每天的 To Do 清單

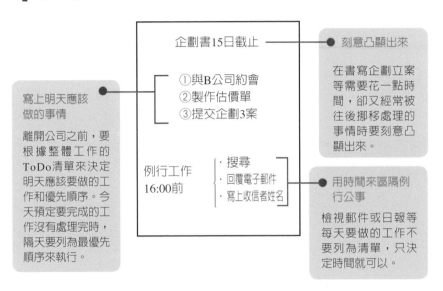

寫上明天應該做的事情

離開公司之前,要根據整體工作的ToDo清單來決定明天應該要做的工作和優先順序。今天預定要完成的工作沒有處理完時,隔天要列為最優先順序來執行。

企劃書15日截止

①與B公司約會
②製作估價單
③提交企劃3案

例行工作
16:00前

・搜尋
・回覆電子郵件
・寫上收信者姓名

刻意凸顯出來

在書寫企劃立案等需要花一點時間,卻又經常被往後挪移處理的事情時要刻意凸顯出來。

用時間來區隔例行公事

檢視郵件或日報等每天要做的工作不要列為清單,只決定時間就可以。

使用自粘便利貼和備忘欄的 ToDo清單的管理法

自粘便利貼是管理ToDo清單時很方便的工具。在手冊的備忘欄裡做出本月份應該做的工作和本週應該做的工作的欄位,將每個工作內容分別寫在細長的自粘便利貼上來加以區分。然後,在大一點的自粘便利貼上寫上每天的ToDo清單,貼在備忘欄。如此一來,一次就可以同時確認整體工作和每天的ToDo清單。

①每天的ToDo清單
②本月份應該做的工作
③本週應該做的工作

CHAPTER2

8

下工夫鑽研
如何訂下約會

為了讓行程計畫順利進行，
刻意安排約會

訂下約會時，必須將自己的預定計畫和對方的預定計畫做個磨合安排。有些人會太過遷就對方的計畫，不惜將自己的預定計畫往後延，但是這麼一來，無端浪費掉的時間就會增多。預訂約會時，不妨主動提出時日。如此一來，就可以把約會安排在自己方便的時日，把外出的活動集中在1天當中，以節省移動的時間，安排可以集中精神在辦公室工作的日子。此外，如果在商談中需要決定下次的預定計畫時，就不要再延遲，當場就做出決定。

☐ 訂下約會的原則

☐當場決定下一次的預定計畫

在舉行商談或會議等的場合，宜當場就決定下一次的預定計畫。如此一來，就可以立刻針對下次的預定計畫採取行動。

☐有效率地整合外出的活動

一旦決定了外出的計畫，就配合當天的時日，安排多個約會。把活動整合在1天當中，便可以縮短移動時間。

☐在約會時間的前後保留一點時間餘裕

將多個約會整合在1天當中時，要考量到移動的時間，還有預防有不測的事態發生，在約會時間的前後都要設定空白時間。

☐ 約會的約定方法

配合自己的時間安排約會是有訣竅的。為了避免造成失禮於對方的印象，要牢牢地記住重點。

▍透過電話 訂下約會時

透過電話取得約會時，打電話的一方握有主導權，所以，最好主動打給對方。此外，最好在大部分的人決定預定計畫的上午時間帶裡撥打。

▍在電話中的 談話方式

> 「下星期○日星期○的13時～15時，或者○日星期○的下午可以嗎？」

☐提出一個以上的時日，方便對方做調整
☐決定日程時，為防聽錯，同時要確認當天是星期幾

✕NG NO GOOD!!

有待商榷的約會的 約定方式

「什麼時候方便？」
一味地配合對方的方便與否，自己的預定計畫就無法決定。

「明天15時方便嗎？」
對方沒有可以調整的選擇，會給人自私的印象。

✓ 檢視 CHECK

決定約會時日之後， 想變更日程時

除非是很重要的事情，否則嚴格遵守主動與對方聯絡所訂下的約會是基本的禮貌。就算有會議等其他的預定計畫插進來，也要以先前的約會為優先考量。如果萬不得已必須變更時，就要盡早與對方聯絡。此時要慎重地道歉，同時簡潔地說明事情的原委，重新安排以對方的方便與否為優先考量的行程計畫。

CHAPTER2

9

養成重新審視
手冊的習慣

透過反覆審視，
了解自己的行動模式

寫在手冊裡的行程計畫若沒有重新審視，那就失去了意義所在。最好養成在工作告一段落時，或者移動時間之內，利用一點時間回頭審視手冊的習慣。如此一來，1星期份左右的計畫就會牢記在腦海裡，在截止日期到來之前也不會感到驚慌失措了。此外，有時候，過去的手冊也會對現在的工作有所幫助。我們可以從以前花費過大量時間的案件或有過問題的客戶等過去累積的情報當中了解自己最不擅長的工作模式，做為執行同樣的工作時的參考使用。另外，確認自己一路下來的成長也可以提升我們本身的動機。

☐ 重新審視手冊的時機

重新審視手冊具有「思考工作的方法」「確認進度狀況」「整理應該做的事情」等各種不同的意義。所以，進公司前後、離開公司之前都要確認手冊的內容。

進公司之前	進公司之後	離開公司之前
☐ 確認當天的預定計畫 ☐ 思考應該做的工作的前後順序 ☐ 星期一要檢視1星期份的預定計畫	☐ 工作告一段落的時候，要確認接下來應該要做的事情 ☐ 檢視工作是否按照預定計畫進行 ☐ 當計畫有變更時，每次都要如實寫上	☐ 回顧1天的狀況，確認明天的工作 ☐ 決定明天的計畫 ☐ 製作ToDo清單

購買新的手冊，要寫上目標時，不妨先重新審視一下過去的手冊。過去的手冊等於是你的工作或個人生活的紀錄。透過重新審視的作業，應該會有意想不到的發現，譬如了解自己擅長的事情或弱點所在等。

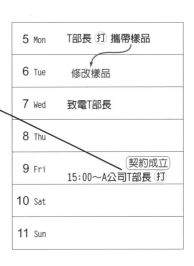

了解弱點加以克服

了解自己花費的時間比事前設定的還多，屬於製作企劃時要花很多時間的類型

改善
□ 分配比較多的時間來製作企劃書
□ 安排行程計畫時，時間不能太緊湊
□ 賦予自己課題，譬如每天要備忘1項企劃的創意

11 Mon	製作企劃書	
12 Tue		
13 Wed	✔	提交企劃書
14 Thu	✔	修正
15 Fri		提交企劃書
16 Sat		修正
17 Sun		

分析已經成功的事例

得到客戶T部長的信任，拿到新的合約

思考受到信任的理由
□ 每次造訪時都隨身攜帶新商品的樣品
□ 不斷地為樣品商品加工，直至獲得T部長的首肯
□ 盡快回覆電話或郵件

5 Mon	T部長 打 攜帶樣品	
6 Tue	修改樣品	
7 Wed	致電T部長	
8 Thu		
9 Fri	契約成立 15:00～A公司T部長 打	
10 Sat		
11 Sun		

手冊術

PLANNERS TECHNIC

CHAPTER2

10

充實手冊的
備忘內容

做好備忘可以提高工作的
成功率

手冊除了用來管理行程計畫之外，同時也具有將看過、聽過的情報或創意寫下來的「備忘手冊」的功能。我們要憑著自己的記性去記憶工作的know-how、會議之前的準備工作、企劃的創意等所有的必要情報是不可能的事情，但是，只要做好備忘，就算遺忘了，日後也還是可以回想起來。此外，在商談的過程中與客戶做約定時，如果沒有做備忘，會造成對方的不信任感，日後雙方也可能會發生「說過‧沒說」的紛爭。做備忘不但可以保管、活用情報，而且也能有效地預防細節的漏失。

☐ 備忘的任務

透過書寫來遺忘，
靠著重新審視來回想

要記住所有的情報是有極限的。只要做過備忘，就算忘記了，也可以靠著重新審視回想起來。

防患麻煩於未然

只要記錄下正確的數字，就可以防止出現「說過‧沒說」等的紛爭，消除小細節的漏失。

累積工作的know-how

將工作成功的理由或失敗的原因備忘下來，know-how會不斷累積，可以活用在下個工作。

掌握有益的情報

將殘留在腦海裡的話語或看到的記事、創意記錄下來，將有利於新企劃等日後的工作。

□ 應該做備忘的場合

於通勤時間當中想到的事情，或者在與人對話中所獲得的知識等就應該要立刻做備忘，這種情況比比皆是。不要抱著「待會兒再做備忘」的想法，應該養成立刻拿出手冊做備忘的習慣。

會議‧商談

將「時間、地點、對象、內容」備忘下來。此外，事前把要傳達的訊息或過程做好備忘也是很重要的。

接打電話時

不只是接電話的時候，撥打電話時也要活用備忘。最好是將要傳達給對方的訊息列表出來。

移動當中

移動期間是思考工作的方法或新企劃的最有效時間。為了避免將想到的創意給遺忘了，要做好備忘。

對話之後

工作上的啓發也會潛藏在對話當中。有時候將客戶的習慣或特徵備忘下來也可以找出拉近雙方距離的方法。

✓ 檢視 CHECK

將這種情報也備忘下來

只要累積許多的備忘，就可以發現自己喜歡的事物、不擅長的事物的傾向或自己有興趣的領域等都具有某種固定的法則。從中也可以將自己擅長的事物活用在工作當中，或者發現用來克服弱點的課題。

- □ 看書或看電影的感想
- □ 研習會或演講的內容
- □ 前往客戶處的方法
- □ 喜歡的店家等

□ 簡單明瞭的備忘方式

做備忘的重點在於日後重新審視時,是否可以了解內容的意義。備忘的內容不需要冗長,只要簡潔書寫,可以一目瞭然即可。

STEP 1　整合要點來書寫

將所見所聞的內容全都備忘下來時,不只要花費很多時間,有時候也會搞不懂重點所在。做備忘時要以「做什麼、如何做」為中心,以關鍵字來做整合

以文章的形式來書寫時

> 明天拜訪A公司,對方的負責人B先生希望能一邊共進午餐,一邊稍作商談。12點用午餐,之後做活動企劃的簡報。

整合要點來書寫時

> ○日　12:00　拜訪A公司
> 　　　　和負責人B先生共進午餐⑪
> 　　　　餐後做活動企劃簡報

STEP 2　凸顯想強調的用語

覺得特別重要的關鍵字要畫上底線或打上記號使其凸顯出來,以便日後檢視時也知道該處是非常重要的地方。此外,也別忘了標上日期,才能知道是什麼時候做的備忘。

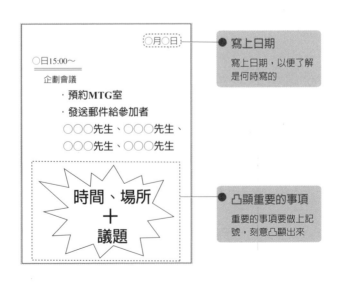

○月○日
● 寫上日期
寫上日期,以便了解是何時寫的

○日15:00~
企劃會議
・預約MTG室
・發送郵件給參加者
　○○○先生、○○○先生、
　○○○先生、○○○先生

時間、場所
＋
議題

● 凸顯重要的事項
重要的事項要做上記號,刻意凸顯出來

☐ 活用手冊的備忘欄

在手冊的備忘欄裡做備忘，就可以同時確認行程計畫和備忘內容，非常方便。但是，備忘欄的空間有限，往往會混雜著一個以上的備忘內容。因此，本文將介紹方便檢視備忘欄的活用方法。

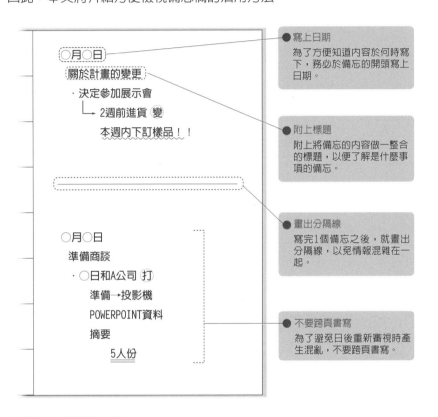

○月○日
關於計畫的變更
‧ 決定參加展示會
　└ 2週前進貨 變
　　本週內下訂樣品！！

○月○日
準備商談
‧ ○日和A公司 打
　準備→投影機
　POWERPOINT資料
　摘要
　　5人份

寫上日期
為了方便知道內容於何時寫下，務必於備忘的開頭寫上日期。

附上標題
附上將備忘的內容做一整合的標題，以便了解是什麼事項的備忘。

畫出分隔線
寫完1個備忘之後，就畫出分隔線，以免情報混雜在一起。

不要跨頁書寫
為了避免日後重新審視時產生混亂，不要跨頁書寫。

 檢視
CHECK

經常需要寫備忘的人可以同時活用手冊和備忘本

經常寫備忘的人光是用手冊的備忘欄無法確保足夠的書寫空間。此時不妨準備一本和手冊同樣大小，或者尺寸小一點，可以隨身攜帶的備忘本，隨時和手冊一起帶在身邊。

活用自粘便利貼做備忘

自粘便利貼是讓備忘內容更顯充實的最適當工具

自粘便利貼是一種和手冊一起使用時可以增加便利性的工具。平常多半被用來當成一種標記，但是如果和手冊一起使用，將會變成一種非常優秀的備忘工具。手冊的備忘空間有限，能寫進去的文字數量有極限。如果將與行程計畫相關的輔助情報或尚未確定的預定計畫、ToDo清單等備忘在自粘便利貼上，粘貼在手冊上的話，不但不會弄丟備忘，事情解決之後也可以很簡單地就加以丟棄。此外，自粘便利貼有各種大小不同的種類，可以根據備忘的內容分別使用。

☐ 分別使用大小不同的自粘便利貼

 大 ＝ 備忘空間　　 **中** ＝ 補充情報　　 **小** ＝ 尚未確定的預定計畫

　　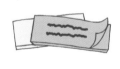　　

寫上手冊上寫不完的備忘或與行程計畫無關的情報。

寫上行程計畫的補充情報，如商談的注意事項等。

寫上尚未確定的預定計畫，粘貼在行程欄上，做為暫時性的情報。

☐ 自粘便利貼的使用方法

自粘便利貼是一種和手冊非常速配的工具。除了擴大備忘空間之外，也可以用來補充、強調情報。以下介紹各種不同的自粘便利貼的活用方法。

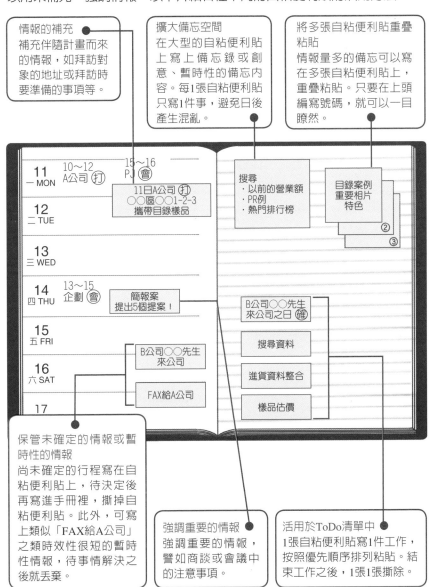

情報的補充
補充伴隨計畫而來的情報，如拜訪對象的地址或拜訪時要準備的事項等。

擴大備忘空間
在大型的自粘便利貼上寫上備忘錄或創意、暫時性的備忘內容。每1張自粘便利貼只寫1件事，避免日後產生混亂。

將多張自粘便利貼重疊粘貼
情報量多的備忘可以寫在多張自粘便利貼上，重疊粘貼。只要在上頭編寫號碼，就可以一目瞭然。

保管未確定的情報或暫時性的情報
尚未確定的行程寫在自粘便利貼上，待決定後再寫進手冊裡，撕掉自粘便利貼。此外，可寫上類似「FAX給A公司」之類時效性很短的暫時性情報，待事情解決之後就丟棄。

強調重要的情報
強調重要的情報，譬如商談或會議中的注意事項。

活用於ToDo清單中
1張自粘便利貼寫1件工作，按照優先順序排列粘貼。結束工作之後，1張1張撕除。

手冊術

DI AHHOBO TECHNO

12

使用圖解
做備忘的方法

有時候圖解的方式
比文字更容易理解

備忘越簡單，日後重新審視時就越容易理解。但是，有時候有些事情難以用言語來說明，或者以文章的方式來書寫時會變得冗長。舉例來說，從車站前往拜訪對象的所在處時，靠著1張地圖做確認和以文章的方式「從○○車站的南出口離開，看到A銀行時往直走……」來進行確認時，你認為哪一種比較容易理解？當然是1張地圖比較容易理解，而且花費的時間也短。做備忘時若有難度，或者要花費相當多的時間時，不妨試著思考是否可以用圖解的方式來詮釋。

☐ 適用圖解的情報

流程圖　　　　　　　　地圖　　　　　　　　插圖

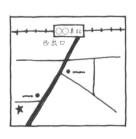

以流程圖來標示工作或對話的過程，可以如實地掌握內容。

前往拜訪對象的所在處，畫地圖比文字情報更容易理解。

大小或形狀、圖案等用文章難以傳達的情報也可以簡單地表現出來。

流程圖的寫法

流程圖只是用關鍵字和記號來加以串聯而成，所以可以比文章更流暢地做備忘。以下介紹其寫法。

關鍵字和記號的串聯方式

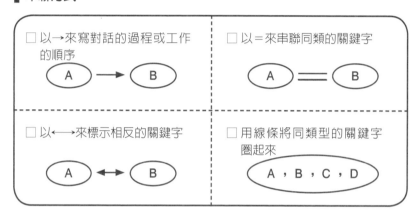

□ 以→來寫對話的過程或工作的順序 A ⟶ B	□ 以＝來串聯同類的關鍵字 A ＝ B
□ 以←→來標示相反的關鍵字 A ⟷ B	□ 用線條將同類型的關鍵字圈起來 A，B，C，D

用文章的形式來書寫時　　　**畫流程圖時**

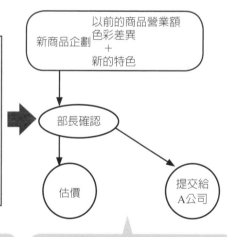

製作新商品的企劃書，請部長確認過後，提交給A公司。同時請製作樣品的公司估價。企劃書上寫上以前的商品營業額、色彩差異，另外再加上新商品所具備的特色。

新商品企劃　以前的商品營業額
色彩差異
＋
新的特色

部長確認

估價　　　提交給A公司

□ 如果沒有看完，就無法掌握內容
□ 不管是寫或看，都要花費時間

□ 一眼就可以掌握工作的流程
□ 一眼就可以了解關鍵字之間的相關性

□ 地圖的畫法

這裡所指的地圖並不是很複雜的東西，而是只以抵達目的地所不可或缺的要素所構成的簡單地圖。因此，任何人應該都可以很簡單地就製作出來。

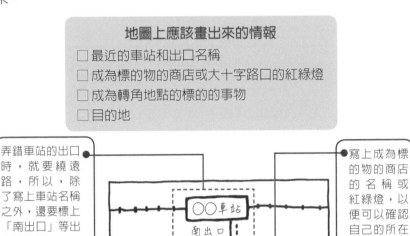

地圖上應該畫出來的情報
- □ 最近的車站和出口名稱
- □ 成為標的物的商店或大十字路口的紅綠燈
- □ 成為轉角地點的標的的事物
- □ 目的地

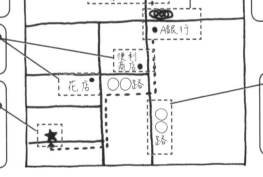

弄錯車站的出口時，就要繞遠路，所以，除了寫上車站名稱之外，還要標上「南出口」等出口的名稱。

在轉角處寫上標的物，就不會搞錯道路。

畫上☆等的符號，讓目的地和成為標的物的商店做出區隔。

寫上成為標的物的商店的名稱或紅綠燈，以便可以確認自己的所在處。

記下道路的名稱或方向，可以一目瞭然。

✓ 檢視 CHECK

地圖＋時間的準備，可以讓外出活動更順利

前往第一次造訪的地方除了要準備地圖之外，還要事先查清楚搭電車所需要花費的時間。即便距離很近，也很可能會因為轉乘要花費更多的時間，或者電車班次太少而花費了超乎預期的時間。如果是已經多次造訪過的地方，最好要將靠近出口的車廂，或者方便轉乘時的車廂給備忘下來。

□ 插圖的畫法

在展示會上看到的樣品商品的大小或特徵等，有時候以插圖的方式來備忘會比寫文章更容易理解。此外，插圖的作用是只要在回顧時可以喚醒印象就可以了，所以跟畫得好不好無關。

> **畫插圖的重點**
> □ 大小或顏色的情報用文字來補強
> □ 避免漏掉必要的情報比畫得一手好圖更重要
> □ 同時把自己的感想寫上去，譬如看到時的印象

用文章的形式書寫時

> 樣品有大（長20×寬25cm左右）和小（長10×寬15cm左右）之分，顏色一律是茶色。左下角有一個類似重疊四方形的重點設計。中央部分有銀色的五金零件。和以前的商品相較之下，給人時髦精緻的印象。

> □ 難以想像樣品的整體像
> □ 寫備忘或閱讀備忘都要花費時間

使用插圖時

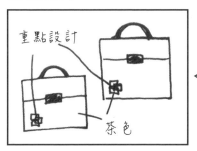

重點設計

茶色

> □ 一眼就可以掌握樣品的整體像
> □ 日後重新檢視時，也容易回想起備忘時的印象
> □ 寫備忘的時間可以縮短

學會在會議上會派上用場的備忘技能

在會議上做備忘是訓練自己的備忘能力的機會

會議是爲了決定某件事而召開的，會議當中會進行各種意見的交換。而且舉辦會議必須製作議事錄，在會後分派給會議出席者，以便所有出席者都可以共享會議的內容。這種議事錄並不只是記錄出席者的發言而已。必須將發言的要點做個整合，讓每個人都方便閱讀。也就是說，議事錄的製作在考驗一個人一邊聽他人說話，一邊加以簡要歸納的備忘能力。此外，爲了讓會議內容更加地充實，也要在會議之前搜尋疑點，備忘自己的發言內容。

□ 會議前後也要做備忘

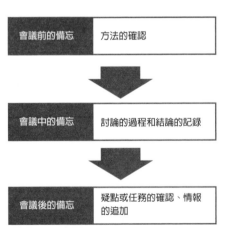

活用備忘，使會議的內容更加充實

爲了讓會議的內容更加充實，會議能夠順利運作，就要做事前的準備工作。如果能夠事先將疑點或自己的意見做個整合，發言時就會變得比較容易些。此外，會議後也要做備忘，譬如查出會議中無法理解的內容、思考新任務的方法等。

☐ 會議的種類

會議有報告、確認工作的進度狀況的例行性會議，和設定議題導出結論的商討會。性質不同的會議，該備忘的事情也各有不同。

例行性會議

確認工作進度狀況的會議，於固定的時間定期舉行

備忘的事項
☐ 會議前先整合要報告的內容
☐ 將新產生的工作或變更過的預定計畫等決定事項備忘下來，反映在行程計畫當中

商討會

設定討論的目的或議題，請出席者發表意見

備忘的事項
☐ 事前確認目的或議題
☐ 為了讓出席者共享會議內容，需要做議事錄（議題／誰發表了什麼內容／結論／誰在什麼時間之前要做什麼事情等的課題）
☐ 感覺陌生的用語或疑點

☐ 用會議前的備忘做事前準備工作

想在會議上主張自己的意見，就必須做好事前的準備工作。也有時候是為了製作議事錄才出席會場，但是如果沒有掌握會議的目的，就無法理解會議的內容，當然也就無法做整合了。

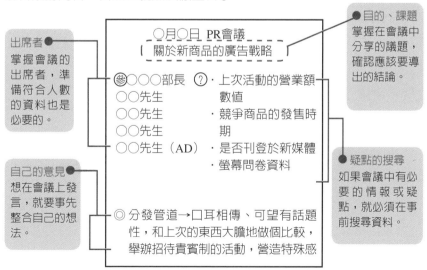

出席者
掌握會議的出席者，準備符合人數的資料也是必要的。

自己的意見
想在會議上發言，就要事先整合自己的想法。

○月○日 PR會議
關於新商品的廣告戰略

參 ○○○部長　❓ ・上次活動的營業額數值
　○○先生　　　・競爭商品的發售時期
　○○先生
　○○先生（AD）・是否刊登於新媒體
　　　　　　　　・螢幕問卷資料

◎ 分發管道→口耳相傳、可望有話題性，和上次的東西大膽地做個比較，舉辦招待貴賓制的活動，營造特殊感

目的、課題
掌握在會議中分享的議題，確認應該要導出的結論。

疑點的搜尋
如果會議中有必要的情報或疑點，就必須在事前搜尋資料。

☐ 議事錄的寫法

議事錄的目的是為了讓出席者共享會議的內容。所以,只單純地羅列出會議中的發言內容並不能算是議事錄。議論的內容或決定事項要經過整合,以期讓每個人都能看懂。

 議事錄中必要的情報

☐**議題**　會議是為了決定某些事情而舉辦的。所以議題是必要項目,而且要明白會議的目的是要「決定什麼事情」

☐**出席者**　為了掌握什麼人出席會議,必須知道出席者的姓名

☐**發言**　簡要記錄導出結論之前的過程,如「誰提出了什麼意見」

☐**結論**　會議中決定的結論是議事錄中最重要的項目

☐**任務**　如果會議中導出結論的話,接下來就會衍生出該做的工作。「誰‧何時之前‧做什麼」的任務跟結論一樣重要

✔ 檢視 CHECK

與會議內容無關的事情也先備忘下來

會議中與議事錄無關的事情也要積極地備忘下來。將陌生的用語或疑點備忘下來可以儲存更多的知識,而與會議無關的發言內容當中或許也潛藏著新企劃的啟示。此外,掌握出席者的發言模式也可以讓我們事先知道自己發言時「誰會問什麼樣的問題」,讓自己有處理的對策。

用圖解來備忘出席者

將出席者的座位配置一起備忘下來,在記錄誰做了什麼樣的發言時就會很方便。即便在會議中有無法確認姓名的人,只要有席次表,就可以在會後加以確認。

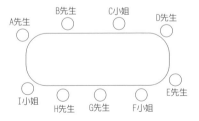

從實踐當中學習到的議事錄的整合方式

做議事錄的備忘需要具備整合要點的能力，而其備忘方法論則因人而異。本文將介紹1天當中參與多次會議的商務諮詢的備忘技巧。

商務諮詢　八木 香小姐

一邊做整合一邊將發言內容備忘下來

找出發言內容是針對什麼主題，然後書寫下來。一邊聆聽出席者的發言，一邊將重點加以整合，按照發言的順序寫下來。

議題和日期

把在會議中商討的議題和會議召開的日期記錄下來

以圖解的方式備忘出席者

容易掌握會議中的發言者。

一字不漏地將疑問也備忘下來

將不懂的用語備忘下來，於會議之後查清楚。

記錄發言者

寫下發言者的姓名，以便了解「誰說了什麼」。

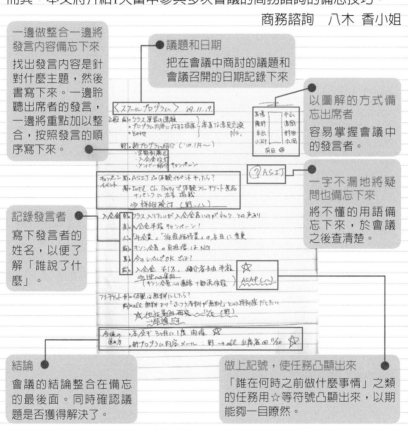

結論

會議的結論整合在備忘的最後面。同時確認議題是否獲得解決了。

做上記號，使任務凸顯出來

「誰在何時之前做什麼事情」之類的任務用☆等符號凸顯出來，以期能夠一目瞭然。

議事錄是提升技能的第一步

議事錄當中隱藏著提升技能的要素。如果查清楚疑點，就可以蓄積知識，也可以學到一邊聆聽發言，一邊整合要點的能力。此外，由於能夠客觀地掌握會議的流程，當自己擔任會議的司儀時，就可以順利地推動會議。

手冊術

PLANNERS TECHNIC

□ 製作議事錄的格式

在會議進行當中，必須備忘各種不同的情報，但是又必須把出席者的發言、疑點、結論等控制在最簡要的狀況之下。因此，不妨製作會議用的備忘格式，在做備忘的技巧上多下點工夫。

格式的製作方法

在備忘本上畫線，分成3個區塊，將發言、疑點、結論等分別寫在各個區塊裡。

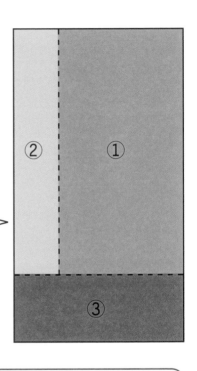

①出席者的發言
書寫「誰說了什麼」的內容的空間。同時也記錄下會議的內容。

②疑點
如果有聽不懂的用語或疑點，就寫進這個區塊，會議後再查清楚。

③結論
將會議的內容做簡要的歸納，寫上「決定什麼事」「誰在何時之前做什麼事」的結論。

✔ 檢視
CHECK

事先做好能夠在膝蓋上寫備忘的準備工作

在出席人數比較多的會議中，有時候會有桌子不夠用的狀況。為防出現這種狀況，在出席會議時，最好準備硬質封面的備忘手冊。如此一來，應該就可以順利地在膝蓋上寫備忘了。

□ 在會議之後補強備忘內容

會議上往往是專業用語或簡稱滿天飛。為備在下次的會議中可以派得上用場，在會議中有聽不懂的用語時就要備忘下來，待會議結束之後查清楚。此外，重新檢視備忘內容，整理要點也是很重要的。

解決疑點

利用空檔時間等查清楚在會議中備忘的疑點，補強內容，增加知識。

畫底線加以強調

重新檢視備忘內容時，在覺得重要的地方畫底線，加以強調。

補充備忘

把議事錄提交出去時，若有被指摘的地方（失敗或漏失等）則要加以補強，以備下次會議時派上用場。

✓ 檢視 CHECK

**在商談、會議之後
做檢視**

會議結束之後要重新檢視在進行商談或會議之前所備忘的方法。然後確認準備工作是否完整？是否按照預定計畫進行？如果商談或會議無法獲得預期中的結果時，就要追究個中原因，為下次的機會做準備。

- □ 事前的準備工作是否完全
- □ 商談、會議是否進行順利
- □ 無法獲得圓滿結果的理由何在
- □ 今後自己該做的事情是什麼

CHAPTER2

14

養成寫備忘的習慣

養成寫備忘的習慣，
學會觀察力和摘要的能力

如果平常就會把報紙或雜誌、一般的對話中讓你在意或者想到的事情備忘下來的話，有時候就會在意想不到的時候發展出新的創意或啓發。而且，如果養成這種備忘的習慣，就可以學到觀察力或整合對話要點的能力（摘要能力）。此外，工作上的反省備忘會累積know-how，成為只屬於我們個人的資料庫。此時備忘的重點不在於反省＝負面要素，而在於讓我們可以變得積極「下次就這樣做吧」。想要養成做備忘的習慣，寫出讓自己想回頭閱讀的備忘內容也是很重要的事情。

☐ 做備忘的時機

找到可以做為參考的事情時	想到什麼事情時
當我們看到書本或雜誌的內容、他人的做事方式而產生「原來如此」的想法時，這件事就可望改善我們所面對的問題，成為企劃的一種啓發。	看到電車的廣告而靈光一閃，或者在對話當中浮上腦海的創意等都要做備忘，以免立刻遺忘。有時候一個不經意的念頭也會變成一種啓發。
心中有疑問時	**成功、失敗時**
將自己在意或有疑問的事情都備忘下來。只要利用空檔時間重新審視備忘的內容，同時查清楚疑點，就可以提升個人的技能。	在工作上成功或失敗時，就要思考其成因，加以備忘下來。從實際的體驗當中獲得的know-how會成為工作上的寶貴財產。

☐ 提高動機的備忘寫法

避免犯同樣錯誤的反省備忘如果寫的都是負面的內容，會讓人失去動機。所以要記住寫出「好事」或「今後可期待之事」等帶有正面意義的內容。

A公司合約更新
☐交貨之後仍然持續積極地聆聽使用者的意見
☐隨時掌握庫存數量→提升信任度

B公司合約不成立
☐對客戶的公司進行徹底的分析
☐事先了解負責人的喜好

> 了解○○公司有比較喜歡明確而可以看到數字的事物勝過嶄新的創意的傾向。

NG例

B公司合約不成立
☐無法對客戶公司進行分析
☐搜尋工作不足

獲得成功的事情／正面的評價

寫下哪裡可以感受到回應，客戶對哪方面有興趣等，抱持積極的心情投入工作。

反省點

不要有「這裡做得不好」的想法，要寫下「應該要這樣做」「下次就這樣做吧」等等，日後可以活用的想法。

不要寫負面的反省

把反省當成是下一次成功的方法論。抱持「無法做到○○」的負面反省心態，就無法以積極而正面的態度投入工作。

☐ 讓檢視備忘手冊變成一件愉快的事情

只要養成做備忘的習慣，就會在1天之內打開手冊許多次，自然而然地養成檢視過去的備忘的習慣。如果能夠把可以讓人變得積極的話語或受到誇讚的事情備忘下來，不但可以轉換心情，也可以提高幹勁。

可以讓人變得積極的話語

把書上或電影當中讓自己中意的話語或足以勉勵人的話語寫下來，當感到沮喪的時候，便可以提高我們工作的動機。

受到誇讚的事情

寫下成功完成的事情或者受到上司或客戶誇讚的事情，可以讓自己產生自信。

想要的東西、想做的事情

將想要的東西或想做的事情逐條寫下來。舉例來說，利用工作的空檔，一邊看備忘，一邊思考假日的預定計畫，如此一來就可以達到轉換心情的效果。

將待調查的事情列出清單

不只是與工作相關的事情，連在對話中聽到的不明白的單字等讓人在意的事情都要備忘下來。利用空檔時間查清楚，就可以累積知識。

☐ 儲存會話的材料

會話是工作上一種非常重要的溝通方式。有時候，一些瑣碎的雜談也會發展出一項嶄新的工作。此外，話題的豐富度也可以展現出個人的情報收集能力，所以平日就要努力儲存會話材料。

平常就要檢視的事情

新聞
利用移動的時間檢視透過網路或手機網路就可以閱覽的新聞。

雜誌
養成在電車當中觀看車廂廣告的習慣，決定要檢視的雜誌，或者定期購買經濟雜誌等。

電影、音樂
雙方興趣不合的話，會話就很難進行，至少要檢視一下可以成為話題的事物。

書、漫畫
閱讀暢銷的書籍或漫畫不會有損失。尤其是商務書籍最容易成為共通的話題。

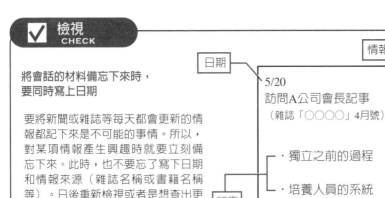

☑ 檢視 CHECK

將會話的材料備忘下來時，要同時寫上日期

要將新聞或雜誌等每天都會更新的情報都記下來是不可能的事情。所以，對某項情報產生興趣時就要立刻備忘下來。此時，也不要忘了寫下日期和情報來源（雜誌名稱或書籍名稱等）。日後重新檢視或者是想查出更詳細的資料時會非常有用。

日期
情報來源

5/20
訪問A公司會長記事
（雜誌「○○○○」4月號）

・獨立之前的過程

・培養人員的系統

記事內容

從實踐的過程當中學習到的提高動機的備忘方式

翻閱充滿負面要素的手冊是一件很痛苦的事情，因此，寫出看起來會讓人覺得快樂無比的手冊是非常重要的。建議大家以可以提高工作動機的備忘術為參考，讓備忘內容變得更加充實。

商務諮詢　八木香小姐

反省內容要活用於下次的工作當中

* W.S 反省
・ミニセッション：Debrief 10分内早く終る
→同じ人に何度も発言の枤会を与える。くり返エする
・全体セッション：計算まちがい！→検算忘れず

＊W.S. 反省
・小型會議：Debrief 提早 10 分鐘結束
→讓同樣的人有多次發言的機會
・整體會議：計算錯誤！記得核算

● 反省＝下次該做的事
寫工作上的反省事項時，要寫出「下次就這樣做吧」的積極內容。明確下次應該做的事情可以讓人熱心地投入工作當中。

用來激勵自己的備忘內容

＊白い紙・サラム（シリン・ネザマフィ）
・予想できたとはいえ、ハザンが最後に医大ではなく戦場を選んだのは衝撃。重い。

＊白紙・Salam（Shirin. Nazammafi）
雖說在預期之內，但是 Hazan 最後選擇了戰場而非醫大，實是一大衝擊。好沈重。

● 受到感動的書籍或電影的感想
除了感想之外，把自己對哪個部分產生感動也寫下來。更不要忘了寫主題和作者。

＊If you are planning for one year, grow rice. If you are planning for 20 years, grow trees. If you are planning for centuries, grow men.（中国の諺）

● 有用的言詞
當工作進行得不順利時回頭閱讀，用來激發自己的幹勁。如果有喜歡的事物，就算換購新手冊時也要將之轉寫下來。

CHAPTER2

15

利用書寫以外的方法來充實備忘的內容

根據備忘的內容來區隔使用工具

除了寫字之外，做備忘的方法還有很多種。舉例來說，想要寫路線圖或報紙、雜誌的剪報時要花費很多時間，而且在轉寫時也可能發生漏失。此時，如果把手冊的備忘欄當成剪貼簿來使用的話，就可以將便於運用的情報輕鬆地帶著走了。此外，手機或IC錄音機等的數位工具也可當成備忘工具來使用。根據時間和場合的不同來做備忘，將可使備忘的內容更加充實。

☐ 和手冊一起隨身攜帶，就成了方便的情報

訪問地點的地圖或路線圖	可以派上用場的商店情報	報紙、雜誌的剪報
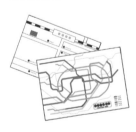		
拜訪客戶時就是必要的東西。如果能同時攜帶可以一眼就知道如何轉乘的路線圖的話，就很方便了。	經常去的餐飲店或用來接待客戶的店家的情報在重要的時刻也可以加以利用。	將可望成為話題材料的報導或可能使用於工作上的報導、想去看看的場所等儲存起來。

☐ 暫時性的情報就夾在手冊當中

大致上說來，前往拜訪地點的地圖都只在當天會派得上用場。類似這種情報，就只要將列印出來的東西或者備忘夾在手冊裡，待事情辦完就加以丟棄。如此一來，就沒有必要寫進手冊裡，自然就不用多花費時間。

夾在手冊裡的東西

僅適用於當天，過後就用不到的情報（前往拜訪地點的地圖、研習會或演講會的情報等）。

優點	省下寫進手冊裡的手續，也不用尋找備忘。

☐ 粘貼在手冊上保管

購物卡或報紙、雜誌的剪報等想要保管的情報就直接粘貼在手冊上。如果尺寸太大，以至於從手冊當中凸出來時，就縮小影印，對摺貼起來。

粘貼在手冊上的東西

想要保管的情報
（購物卡、可能成為企劃的報導等）。

優點	省下寫進手冊裡的手續，也不用擔心轉寫時造成漏失。

✓ 檢視 CHECK

想放進手冊裡的其他情報

對工作有助益	對轉換心情有助益	為防緊急時刻需要
☐ 電車的路線圖	☐ 家人的照片	☐ 家人的聯絡處
☐ 自家公司的產品一覽表	☐ 想要的東西、想去的地點的相片	☐ 金融機關、信用卡公司的聯絡處
☐ 國內外的郵資表	☐ 感興趣的情報	☐ 手機公司的聯絡處
☐ 西曆、年號一覽表	（看過的電影或讀過的書籍的清單）	
☐ 時序問候		
☐ 預備的名片		

☐ 使用數位工具

數位相機或手機等的數位工具也是做備忘的方法之一。這些工具都是非常輕巧便利的，但是缺點是欠缺一覽性，所以最好跟手冊一起使用。

▌數位工具的 優點和缺點

優點	缺點
☐ 可以正確地記錄情報 ☐ 不佔用情報的保管場所 ☐ 搜尋很簡單 ☐ 數位相機的相片等可以直接利用在報告書上	☐ 電池一沒電，就無法使用 ☐ 無法一眼就確認一個以上的情報 ☐ 數據一旦出問題，或者機器產生故障，就什麼都不留

數位相機

企劃會議

可以正確地記錄現場的狀況或商品形狀等難以用言詞形容的情報。此外，還可以當場確認相片的效果，重新拍攝，減少失誤。

適合活用數位相機的情報
☐ 在會議中使用的白板　　☐ 視察的狀況
☐ 商品的形狀　　　　　　☐ 喜歡的風景
☐ 時刻表　　　　　　　　　　　　等等

IC錄音機

可以錄下聲音的工具。因為可以正確地記錄下會議中的對話，所以有助於議事錄的製作。在陰暗的場所，或者兩手沒有空間時，也可以用自己的聲音做備忘。

適合活用IC錄音機的情報
☐ 會議、研修會、演講會的記錄
☐ 在雙手無法運用的狀況下做備忘

手機的郵件功能

在客滿的電車上，不方便拿出手冊和筆時，手機就是很方便的工具。此外，使用郵件功能比備忘功能更有利於日後的管理。

STEP1 使用郵件功能做備忘	STEP2 傳送出去，或者保管於資料夾中
輸入「喜歡的書」的標題，將想要備忘的情報輸入信件的內文當中，以便看到文件名稱就知道是哪方面的相關備忘。	把輸入的備忘內容傳送到自己的電腦中，日後再抄寫於手冊中。或者建立一個專用的資料夾，不要傳送出去，直接保管在手機裡。
傳送郵件的優點	就算忘了備忘的內容，回公司檢視信件時就可以做確認。

把手寫的備忘內容放在電腦裡

在數位工具當中，也有一種工具可以將手寫的備忘內容放進電腦裡。這個工具的最大魅力在於兼具類比和數位的優點。將寫在備忘手冊裡的圖或圖表直接貼在郵件或企劃書上，或者根據備忘的內容，按照「創意」「想要的東西」等不同的屬性分別加以保管。

CHAPTER2

16

打電話前
先準備備忘

不浪費時間，
確實地傳達事情

電話是使工作中斷的重要因素之一，所以，不管是打電話的一方，或者是接電話的一方，都要盡量言簡意賅。不得要領的電話也會失去對方的信任，所以，在拿起話筒之前，要做好準備工作。首先，把打電話要傳達的事情列出來。此時必須考慮到說話的方式，要以對方比較容易理解的順序來傳達。其次，如果有事情需要向對方確認的話，也要事先寫下來。像這樣，在打電話之前就先準備好備忘的話，事後就只要按照備忘的內容進行對話即可，如此一來，就可以順暢而且確實地傳達事情。

☐ 打電話之前的必要準備事項

口頭上的對談往往會引起混亂。為了預防對話變得支離破碎，防止產生確認上的漏失，最好做事前的準備工作。

☐為了什麼事情打電話
報上姓名之後，首先就要明確地傳達是為了什麼事情撥打電話「關於○○一事」。為了讓交談簡短有效率，明確打電話的原因是有必要的。

☐要傳達什麼事情
如果是要訂定約會，就要傳達商談日期的候補時間和所需要花費的時間。此外，還要將應該要報告的事情做個整合。

☐有無需要向對方確認的事情
要事先掌握截止日或交貨數量等與數字有關的事情、必須在電話中決定的項目等。

☐ 打電話之前的備忘

在打電話之前先將要討論的內容做個備忘，就可以使話題的進行比較有節奏。此外，透過寫備忘的動作，可以先做一次電話交談的模擬，同時也可以從容對應對方可能提出的問題。

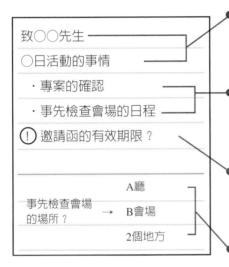

● **事項**
明確「對誰談論什麼」。如果事情不只一件時，最好也事先決定討論的順序。

● **傳達的事情**
將必須透過電話傳達的事情列出清單。確認有無傳達漏失或錯誤之後再打電話。

● **確認的事情**
除了我方必須要傳達的事情之外，也要將需要對方做出決定或指示的事情列出來。

● **預期對方會提出的問題和問題的答案**
一邊寫備忘，一邊模擬透過電話進行對話的狀況。如此一來，就可以預期對方會提出的疑問，同時也可以事先準備好答案。

對方不在的時候
如果對方不在的時候，要詢問「對方回來的時間」和「接電話的人的姓名」。

✔ 檢視 CHECK

重要的事情在打完電話之後要再傳送郵件或傳真過去

有關截止日或交貨數量等重要的事情或與數字相關的事情一定要用電子郵件或傳真進行再度確認，以避免聽錯或產生誤會。如此一來，因為對話內容是以文章的形式被記錄下來，雙方就不會有「說過、沒說」之類的問題產生。

取得約會時要確認的事情

☐ 客戶負責人的姓名
☐ 商談的內容
☐ 時日
☐ 商談所需要花費的時間
☐ 出席者
☐ 商談時需要準備的資料
☐ 手機號碼或電子郵件地址等雙方的聯絡方式

CHAPTER2

17

每個人都看得懂的留言備忘的寫法

準備好固定格式，預防留言錯誤

寫在手冊裡的備忘只要自己看得懂就可以了，但是，留言備忘的內容卻必須寫得讓每個人都可以一目瞭然才行。就留言備忘而言，內容與其寫得愼重其事，不如確確實實地傳達必要的情報比什麼都重要。以電話留言爲例，一個小小的錯誤也可能會發展成重大的問題，所以必須負起責任，確實地將情報傳達給對方。話雖如此，不管基於什麼目的打電話，由我方進行確認的工作是基本的要件，這是不會改變的。只要事先準備好寫上應該確認的項目的格式就好了。

□ 只要正確地傳達必要的情報

寫留言備忘時，必須讓任何人看起來都一目瞭然才行。如果寫得太過冗長，像寫信一樣，不必要的情報就會大幅增加，重點就會被埋沒在當中。鎖定「什麼事、如何做」的要素來寫，就可以寫出容易傳達情報的備忘。

□ 準備電話專用的留言備忘

我們經常有機會寫電話的留言備忘。儘管事情不同，打電話傳達情報的基本要項卻是一樣的，所以，最好準備好專用的留言備忘。只要按照項目的順序，逐一填寫進去，就可以預防發生忘了問對方的聯絡處的漏失。

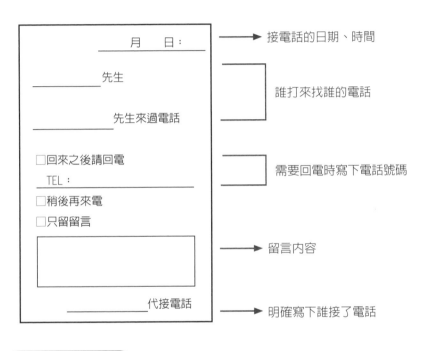

月　日：	➡ 接電話的日期、時間
_____先生	
先生來過電話	誰打來找誰的電話
□回來之後請回電	
TEL：	需要回電時寫下電話號碼
□稍後再來電	
□只留留言	
	➡ 留言內容
_____代接電話	➡ 明確寫下誰接了電話

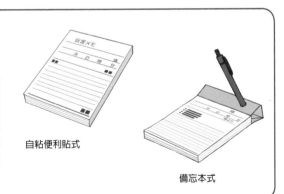

✓ 檢視
CHECK

方便的留言備忘盒

沒有自製的留言備忘格式也無妨，文具店也都有售。款式有很多種，有自粘便利貼式的，也有備忘本式的。重點是要選購顏色顯眼的，以便收留言的人立刻就會注意到。

自粘便利貼式

備忘本式

PLANNERS TECHNIC
手冊術

CHAPTER2

18

地址簿的
活用方法

當成手冊的附屬備忘，
管理有用的情報

很多的手冊都附帶有地址簿，但是大部分的人都是用手機來做地址的管理。所以有人認為地址簿的用途是有限的，事實上卻可以活用為補強手冊有限的備忘空間的工具。地址簿通常是按照英文字母的順序來區隔的，所以最適合用來做為商店的情報或讀書備忘、備忘錄等以列出清單的方式來看會比較方便閱讀的備忘。此外，因為可以和手冊一起攜帶，所以方便在工作的空檔回頭檢視，用來轉換心情。

☐ 地址簿的使用方法

地址簿有2種使用方法。一種是為防萬一，寫下客戶的聯絡方式，當成地址簿來使用。另一種則是當成擴大手冊的備忘欄的備忘手冊來使用。

地址簿的管理

將主要客戶的名片影印下來，貼在地址簿上，當手機沒電時，就可以派上用場

當成備忘本來活用

和手冊一起帶著走的地址簿可以活用為補強手冊的有限備忘空間的工具來使用

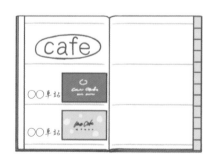

與行程計畫相關的情報寫在手冊的備忘欄裡，而備忘錄或商店的情報等則備忘在地址簿上。如此一來，不只可以把有用的情報帶著走，也因為把備忘的場所區隔開來，方便尋找需要的備忘。

商店名單

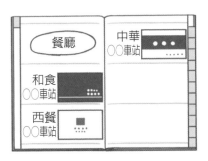

找到自己喜歡的商店之後，就把商店名片貼起來做成清單。招待客戶或商討事情時就可以派上用場。

備忘錄

把在電視或雜誌上看到的想去的場所或想要的東西列出一張清單。可以用來思考假日的計畫，或用來轉換心情。

讀書清單

當成讀書備忘來活用，譬如在姓名欄寫上書名，在電話號碼欄寫上作者姓名，在地址欄寫上感想等。閱讀過的書可以一覽無遺，充分體驗充實感。

交通情報

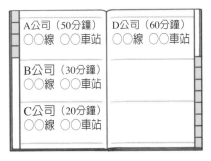

透過網路或手機也可以查出交通情報，但是，如果將經常造訪的地點的前往方式備忘下來，就可以同時確認行程，非常方便。

CHAPTER2

整理・保管備忘的 必要性

定期整理備忘， 養成回頭審視的習慣

手冊、備忘本、自粘便利貼或影印紙等都是可以寫備忘的地方，但是備忘的重點在於重新檢視而不是書寫。要在為數眾多的備忘當中回頭審視必要的備忘，就需要做好備忘的整理和保管的工作。備忘的情報當中，有些情報是靠著儲存累積而製造出價值，也有的情報只有在一定的期間之內具有必要性。前者應該要做好保管的動作，以免遺失，而後者則只要過了必要的期間就可以加以丟棄。自己決定一個期限，定期地整理備忘，譬如1個月1次，或者半年1次。如此一來，就可以自然地養成回頭審視備忘的習慣。

☐ 判斷情報的種類

備忘分成ToDo清單或緊急事件之類暫時性的東西，以及創意或備忘錄等想要長期保管的東西。在整理備忘之前，必須先判斷備忘的內容是暫時性的，還是值得保管的東西。

暫時性的備忘	需加以保管的備忘
ToDo清單或截止日迫在眼前的事件等一旦過了某個期間就沒有價值的東西。在丟棄之前，回頭審視的頻率很高。	創意或工作的記錄、備忘錄等累積儲存的東西。和暫時性的備忘相較之下，回頭審視的頻率比較低，但是日後仍然有需要用到。

☐ 備忘的整理方法

備忘每天都會增加，如果全都留在手冊裡的話，會形成巨大的數量，在重要時刻就找不到必要的備忘了。所以，備忘一定要做整理。

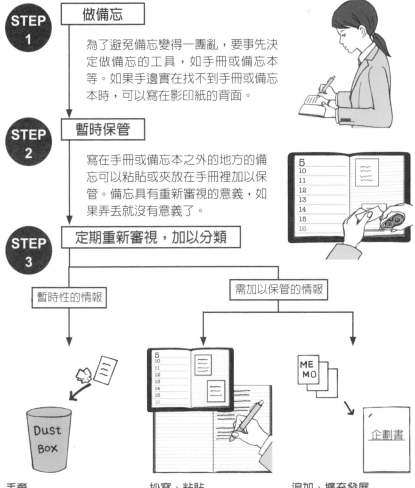

STEP 1

做備忘

為了避免備忘變得一團亂，要事先決定做備忘的工具，如手冊或備忘本等。如果手邊實在找不到手冊或備忘本時，可以寫在影印紙的背面。

STEP 2

暫時保管

寫在手冊或備忘本之外的地方的備忘可以粘貼或夾放在手冊裡加以保管。備忘具有重新審視的意義，如果弄丟就沒有意義了。

STEP 3

定期重新審視，加以分類

暫時性的情報

需加以保管的情報

丟棄

已經完成的ToDo清單或有截止日期限的備忘沒有必要重新審視，所以可以予以丟棄（必須記錄的東西則加以保管）。

抄寫、粘貼

工作上的反省或創意等保管在手冊或筆記本當中，以備日後還可以重新審視。

追加、擴充發展

每1個月或每半年重新審視備忘1次，值得注意的部分則重新調查使其發展成一份企劃書。

現場探訪
手冊術篇①

主要使用的
每週一頁

●寫上每星期的目標

回顧上星期的內容之後再寫上本週的目標，和行程計畫同時進行多次檢視，記在腦海中。寫上自己想做的事情比ToDo清單還要重要。

●記下讓自己可以變得積極的用語

閱讀書籍時，發現有喜歡的用語就寫下來，有助於轉換心情和提高動機。只要想想下星期要寫些什麼內容，書寫備忘就是一件樂事了。

可以俯瞰行程計畫的
每月一頁

可以一眼掌握1個月份的預定計畫的每月一頁，有把1個月分成3個區塊的備忘欄。可以將上旬、中旬、下旬應該做的工作寫上去，方便擬定以週為單位的行程計畫。

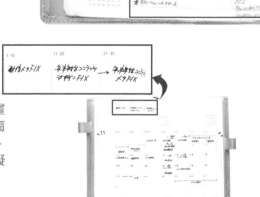

使生活計畫實現的手冊術

某個在吉本FANDANGO工作的女性因為改變了手冊的使用方法，使得工作和個人生活都變得更加充實。距今5年前，一直過著每天被工作追得團團轉的生活的她試著描繪自己的將來，為了「成為想成為的自己」，遂重新審視自己使用手冊的方式。之後，她徹底地管理好自己的生活計畫，不但工作效率提高，而且每年都可以前往想去的國家旅行，達成了她個人的各種目標。

檔案

吉本FANDANGO
製作營業中心
目錄營業部門
女性　32歲

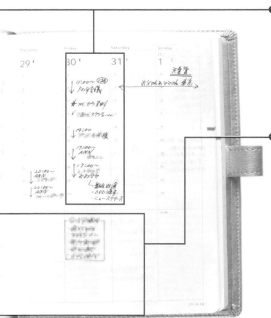

● **整合約會**

為了讓工作能有效率地進行，把訂下約會的日子和集中精神在辦公室內工作的日子分隔開來。在訂下約會時，提出日程的候補選項會讓對方比較容易做選擇，是一種體貼的作法。

● **以週為單位來管理ToDo清單**

把1週份的ToDo清單寫在集中精神處理辦公室工作的日子裡。寫在ToDo清單內的工作要在當週內結束。截止日打上☆的記號，重要的事情則打上◎的記號。

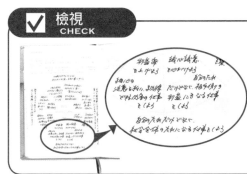

☑ **檢視**
CHECK

年度目標要分類來書寫

寫上一整年目標的書頁上要分類成工作、日常工作、交流等幾項來書寫。有時候達成的只有工作上的目標，但是用這種方式來加以分類時，就可以掌握這一年對自己而言究竟是什麼樣的一年。

現場探訪
手冊術篇②

用自己製作的表來管理行程計畫

一旦決定了預定計畫，首先就要寫進手冊的行程計畫欄當中。然後也要寫到自製的行程計畫表中，讓自己可以一眼就看清楚本週＋下週（2週份）的工作。至於下下週之後的預定計畫則寫在手冊裡。

行程管理的規則

☐ 決定約會之後，就立刻寫進去
☐ 下週之前的預定計畫整合在行程計畫表中
☐ 星期三、四決定下週的預定計畫

寫在自製的行程計畫中的事項

☐ 1天的目標
☐ 訪問的客戶和時間
☐ 必須要打的電話
☐ 當天要傳送的傳真

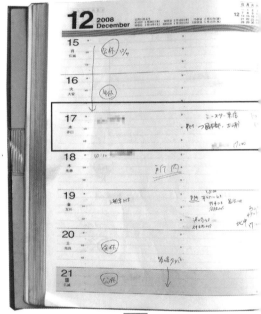

自製的行程計畫表

把所有的必要情報都整合在手冊裡

答應接受採訪的JTB的男性職員因爲接了很多公司外部的工作，所以用手冊來管理所有的情報。他使用的手冊是由公司提供的一週左頁型（參考P.84），另外將可以一眼看清楚所有工作內容的自製行程表夾在手冊當中來加以活用。把所有的工作都整合在手冊時，就會清楚「哪裡寫了什麼東西」，可以預防工作上的漏失或錯誤。

檔案

JTB
教育事業團隊
法人營業
男性
30歲

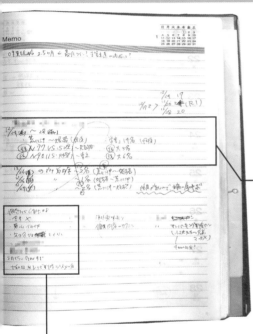

商討的內容和客訴要寫在備忘欄

工作上聽過的事情或商討內容、自己該做的工作（製作文件等）都要寫在右頁的備忘欄裡。做第2次之後的訪問時，要回頭檢視上一次訪問時所做的備忘。

● 行程計畫和備忘要相對應

以前是按照順序，由上往下，當成1頁筆記來使用，現在則是根據左頁的日期來寫備忘。如此一來，當天跟誰談話，寫了什麼都可以看得一清二楚。

● 事後再寫客訴

客戶的要求或訴求、失敗等都是重要的情報。但是，有時候在會談當中做備忘會讓對方產生不快感。因此，當對方有所訴求時，要誠摯地聆聽，事後再做備忘。

✓ 檢視 CHECK

將手冊口袋做最大限度的活用

封面內側的口袋除了放置自製的行程計畫表之外，也可以把組織成員的勤務預定表、機場失物的負責人聯絡方式、客戶的聯絡處一覽表等工作上必要的情報放進去帶著走。

NOTEBOOKS

以筆記術來
整理思緒

INDEX

1

尋找適合自己的
筆記本

根據裝訂、紙質、格線、尺寸4個標準
來尋找最適合的東西

筆記本有許多種不同的種類。也許有時候我們突然想到要開始寫筆記本，卻不知道要用哪一種筆記本。此時，不妨針對自己「如何使用筆記本」來做個思考。因為最適合的筆記本是根據如何使用筆記本來決定的。尋找最適合的筆記本時，裝訂、紙質、格線、尺寸4個標準是最佳的線索。此外，也可以使用各種不同的筆記本，確認是否符合自己所需。一旦找到適合自己的筆記本，就可以寫出非常有用的筆記本。

☐ 選購筆記本的原則

尋找適合自己風格的
筆記本

什麼筆記本最適合是以如何使用筆記本來決定的。此外，不管筆記本的功能有多少，如果沒有熟練使用，就沒有任何價值了。重要的是，掌握自己寫筆記本的風格，尋找適合該風格的筆記本。最適合的筆記本是因人而異的。

✓ 檢視
CHECK

活頁筆記本需要
高度的技巧

活頁筆記本的書頁可以撕離開來，所以編輯的自由度很高，如果能熟練使用，是一種很方便的工具。但是，更換書頁時，恐有無法完全掌握什麼情報在什麼地方之虞，所以堪稱是適合高級者使用的工具。如果太過拘泥，有時候反而會得到反效果，所以要注意。

□ 選擇最適合的筆記本的標準

最適用的筆記本會隨著使用的目的而不同。根據裝訂、紙質、格線、尺寸4個標準來選購吧。

▍選擇筆記本的標準①
▍裝訂

選擇適合自己的使用方法的筆記本

筆記本分有無線裝訂和穿孔環狀裝訂兩種，兩者各有優缺點。就收納的便利性而言，無線裝訂居上風，如果要在狹窄的空間當中書寫時，則以穿孔環狀筆記本比較適用。只要配合自己的使用方式來選擇就好了。

▍選擇筆記本的標準②
▍紙質

依和使用的筆記用具的速配性來決定

不同的筆記本有不同的紙質。哪一種紙質比較好端視使用什麼筆記用具，譬如鉛筆或原子筆等而有不同。檢查一下自己經常使用的筆記用具書寫時的觸感，還有是否會轉寫到背面等問題。此外，如果紙質比較差而粗糙時，0.3mm以下的細字原子筆就無法使用，要注意。建議做各種嘗試，尋找對自己而言最好的筆記本和筆記用具的組合。

無線裝訂

優點
- ☐ 方便收納在架子上，不佔空間
- ☐ 左右對開，使用筆記本時很方便

缺點
- ☐ 對摺時不便書寫
- ☐ 筆記本在打開的狀態下不方便使用

穿孔環狀裝訂

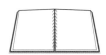

優點
- ☐ 對摺時也很方便書寫
- ☐ 撕離書頁的作業很簡單

缺點
- ☐ 收納時，環狀的部分比較礙事
- ☐ 無法在背面貼上標籤

 檢視
CHECK

也有些筆記本具有特殊的功能

有些筆記本具有特殊的功能。舉例來說，在書頁上加上縫線以方便撕離的筆記本。和其他的資料一起保存，或者要把備忘交給他人時就很方便。此外，也有用橡皮帶將筆記本束圍起來的種類。

選擇筆記本的標準③
格線

只要根據筆記本裡最常寫什麼來做選擇就可以了

最多人使用的就是橫格類型的筆記本，但是對經常用到圖解或插圖的人而言，方格類型的格線使用起來也很順手。此外，方格類型是橫直線交織而成的，可以當成粘貼物品時的標準，非常方便。至於要選擇什麼類型的格線，只要根據筆記本裡經常寫些什麼東西來做選擇就可以了。

格線
因為必須沿著格線來寫文字，所以對經常使用到文字之外的要素的人而言，有時候會比較不方便。主要分為A格線、B格線、C格線三種，C格線的行距比較窄，感覺上比較接近方格類型
方格
限制比較少，方便逐條書寫、圖解、插圖
無底紋
適合用來畫圖

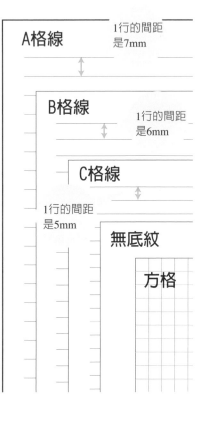

A格線　1行的間距是7mm

B格線　1行的間距是6mm

C格線

1行的間距是5mm

無底紋

方格

採訪 上司・先進篇
INTERVIEW

活用加點格線
筆記本

在格線上加上黑點的筆記本在對準粘貼物品的位置或直線的位置時非常方便。黑點之間的寬度和格線相同，所以使用方法也可以像方格筆記本一樣。
KOKUYO S&T

選擇筆記本的標準④
尺寸

尋找自己的最佳尺寸

筆記本的一般尺寸是B5，但是要考慮到桌面的空間和文具量等，選擇最適合自己的種類。最近，直長的變形版（瘦長尺寸）也有增加的趨勢，不妨可以多方面嘗試使用看看。

A4、B5
適合粘貼量大的人使用
A5
書寫量比適合攜帶的B6、A6要多，比A4・B5還要簡便，一眼就可以俯瞰左右對開頁中的內容
B6
比A5更簡便，攜帶性佳。方便站著時書寫
A6
屬於文庫本尺寸，可以放進公事包外側的口袋裡

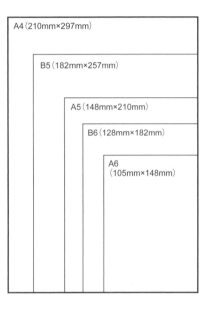

A4（210mm×297mm）
B5（182mm×257mm）
A5（148mm×210mm）
B6（128mm×182mm）
A6（105mm×148mm）

☐ 選擇最適合的筆

按照用途，
選擇自己最方便書寫的種類

筆記用具要按照用途，選擇自己最方便書寫的種類。基本上，使用原子筆或免削鉛筆都不是問題。畫圖時宜選擇筆尖比較粗的筆。因為墨水的流出狀況比較流暢，可以在不感覺到有摩擦感的情況下畫出比較大的圖。想小心翼翼地寫比較小的字時，可以選用筆尖較細的筆。

原子筆
☐ 不能用橡皮擦擦掉，所以無法重寫
☐ 寫出來的文字容易閱讀
☐ 就算影印，文字也不會糊掉

免削鉛筆
☐ 可以用橡皮擦擦掉，所以可以重寫
☐ 筆芯太淡就不方便閱讀
☐ 影印時，文字會糊掉

2

在商務場合
使用筆記本的理由

寫筆記是簡單而有效率的商用技能

「寫筆記」能夠有效地推動工作。可以整理得到的情報、經驗，有效地加以活用，也能提升企劃、發想力。此外，只要有一枝筆就可以寫筆記。也就是說，「寫筆記」是一種簡單又有效率的商用技能。重要的是要先試著寫筆記本，待習慣之後，就可以確實地培養出寫筆記的能力。而持續寫筆記所完成的只屬於自己的筆記本將會成為寶貴的財產。在職場上能夠順利地推展工作的人，寫筆記對他們而言，具有很重要的意義。

□ 何謂筆記本

筆記本是管理儲存自己的工作、思緒的場所。如果有必要，寫在手冊上的情報也要轉寫到筆記本上。

首先試著寫下大大小小的事情是很重要的

把自己的想法寫在筆記本上加以整理

可以把過去的思緒當成財產加以有效活用

□ 寫筆記本所衍生出來的效果

筆記本的特長就是可以保存情報、搜尋保存起來的情報。只要活用筆記本，就可以衍生大範圍的效果。

▌可以整理思緒

透過寫出自己腦海中的東西，可以讓思緒獲得整理。此外，寫筆記本可以自然地提升整理情報的能力。

▌失敗的經驗可以活用在下一次

同時寫下失敗的事情和對策，可以預防再度發生同樣的事情。此外，也可以從中找出開創成功契機的某些新know-how。

▌創意來源

寫下來的創意可以做為寫企劃時的材料，極為有用。同時也會連帶地衍生出意想不到的材料，激發出新的企劃。

採訪 上司・先進篇 INTERVIEW

Q 你認為的筆記本的效果是什麼？

「把想到的創意或想像畫成圖或插圖保存下來，可以成為思考企劃時的材料，非常方便。」

萬岱
Girls'Toy事業部原創團隊
26歲　女性

「每隔一段時間，把備忘在錄音機或電腦裡面的情報轉寫到筆記本上，透過重新審視的動作，可以深刻地留在記憶當中。」

博報堂KETORU
創意總監　41歲　男性

□ 筆記本中寫些什麼

無法判斷該不該寫的內容全都寫在筆記本中吧。該情報是否重要會隨著時間的經過而改變。此外，將手冊上的情報重新整理，寫在筆記本中也有助於加深記憶。

□ 所有可能對工作有助
　益的情報
□ 將創意具體畫成圖的
　東西
□ 失敗的事情及其對策
□ 以前備忘在手冊裡的
　東西

□ 2本筆記本就綽綽有餘了

如果不知道什麼東西寫在什麼地方，那就沒有意義可言了。將筆記本數量限定在商務筆記本和日記用筆記本2本即可。如果數量超過此限，效果就會減半。

Good

2本

Bad

3本以上

筆記本數量限定在商務筆記本和日記用筆記本2本以內，可以明確地區分個別的任務。如此一來，筆記本的效果就可以發揮到最大極限。

如果準備3本以上的筆記本，就會分不清楚什麼內容寫在哪一本筆記本上，而且搜尋效果也會跟著下降。

商務筆記本
● 整理思緒
● 保存情報以便搜尋

「商務筆記本」的功用就是把思緒寫出來加以整理，或者將所有的情報加以整合保存，以備日後可以搜尋。

書寫的內容

□ 針對專案
執行某項專案時，將該 PDCA（參考 P.172）寫在筆記本上，可以把經驗當成財產加以活用。

□ 針對讀書、研修會
筆記本的另一項優點就是可以提升自我投資的效果。將透過讀書或研修會所獲得的東西變成行動清單，寫在筆記本中。

□ 針對企劃
不管是哪個領域，只要把所有的材料都寫下來，就可以活用於企劃案當中。此外，透過畫心智圖（參考 P.186），可以從關鍵字當中找到創意來擬定企劃。

日記
● 客觀檢視自己

每天在固定的時間寫下當天發生的事情，有助於客觀地檢視自己。也可以回頭省視過去的自己。

書寫的內容

□ 當天做了哪些事
回頭檢視 1 天的工作內容，將實行的事情寫下來。客觀地書寫可以訓練理論性的思考能力。

□ 當天有什麼感覺、想法
把感受到的、想到的事情在當天之內寫下來。日後回頭審視時，有時候會發現意想不到的事情。

筆記術

NOTEBOOKS TECHNIC

3

活用筆記本的
基本知識

想要寫出無懈可擊的筆記本，
要遵循幾項原則

雖然說持續寫筆記是最重要的事情，但是什麼都沒多想，胡亂塗鴉，那就只是一種沒有效率的作法。想要寫出無懈可擊的筆記本，就必須遵循幾項原則。如此一來，透過持續寫筆記本，就可以了解工作的要點是什麼，而且不會漏失掉重點。也就是說，筆記本可以讓你免於出錯。所以寫筆記時要注意原則，同時步調要不疾不徐。只要持續寫筆記本，總有一天你一定會發現自己的工作進行得越來越順利。

☐ 筆記的寫法

按照時間序列來書寫

寫商務筆記本時，不要拘泥於範圍領域，只要按照時間序列來書寫即可。因為如果區分領域的話，就經常會為哪個內容該歸類為哪個領域而猶豫不決。此外，當領域區分得不盡理想時，日後回頭檢視時就會找不到自己想要找的情報了。

 採訪 上司‧先進篇
INTERVIEW

Q 寫筆記本時
注意什麼事情？

「注意什麼事情是最重要的，同時一邊將重點逐條書寫出來，以期日後回頭審視時方便理解。」
電通　業務部　26歲　女性

「一定寫上日期或內容等做為標題。如此一來，就可以找到過去的情報。」
PASONA集團　宣傳室　25歲　男性

□ 不要做分類，只要區隔開來書寫

寫完1項內容時，劃出橫線做為區隔，然後繼續寫下個內容。這種不管內容種類，只按照時間序列來書寫的方法，不但方便管理情報，而且也容易養成持續寫筆記本的習慣。

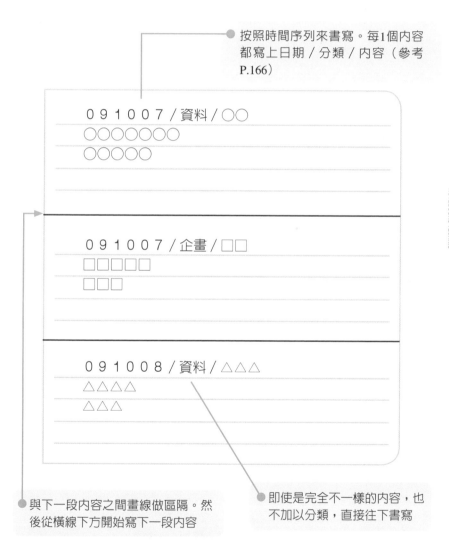

● 按照時間序列來書寫。每1個內容都寫上日期／分類／內容（參考 P.166）

091007／資料／○○
○○○○○○○
○○○○○

091007／企畫／□□
□□□□□
□□□

091008／資料／△△△
△△△△
△△△

● 與下一段內容之間畫線做區隔。然後從橫線下方開始寫下一段內容

● 即使是完全不一樣的內容，也不加以分類，直接往下書寫

□　書寫的方式要能方便搜尋

花了好多工夫才寫下來的筆記本的內容如果無法搜尋，就失去意義了。
想要能夠搜尋到筆記本的內容，就必須製作索引。

│製作
│索引

要製作索引，每1段內容都一定要寫下日期／分類／內容3個項目。然後將這3
個項目在電腦中做成TXT檔，製作索引。（參考P.190）

│在封面寫上
│使用期間

在筆記本的封面寫上使用期間，以便明瞭該筆記本是第幾本？從什麼時候使
用到什麼時候？只要寫上使用期間，就知道我們要尋找的內容是什麼時候寫
下來的，可以很快地就鎖定筆記本。

< 5 >
081107
～
081214

寫在筆記本上，以便進行搜尋

從索引中獲得想要的情報

✓ 檢視
CHECK

以視覺化的方式管理筆記本

①封面

為筆記本製作索引，以便日後可以進
行搜尋。但是，有時候也許無法順利
地搜尋到所要的情報。為了避免這種
情況發生，每次用完筆記本，要更換
新的筆記本時，最好選用不同封面的
本子。這樣一來，什麼事情寫在哪一
本筆記本裡就容易留在印象當中了。

只要知道正在尋找的內容寫在哪一本
筆記本裡，要找到需要的情報就非難
事了。如果覺得每次都要準備不同封
面的筆記本很麻煩時，可以在封面上
貼上容易留下印象的明信片。此外，
也可以用數位相機或手機將筆記本的
封面拍下來，將資料保存於電腦當
中。這將成為什麼時候使用哪種封面
的筆記本的紀錄。

☐ 持續書寫，養成一種習慣

想要寫出無懈可擊的筆記本，首先就要養成「寫筆記本」的習慣。

▌筆記本沒有持續書寫就沒有意義可言

持續寫筆記本，長期累積情報，這件事本身自有其價值存在。如果有某個時期沒有寫筆記，內容完全中斷的話，筆記本的意義就減掉一半了。

▌持續寫筆記本的訣竅

不要一開始就想寫得完美無缺。此外，也不要太過急著要求透過寫筆記本能得到什麼效果。最重要的就是持續寫筆記本。

持續寫筆記本

↓

養成習慣

↓

將情報累積於筆記本當中

持續寫筆記本自有其意義在！

寫筆記本的時期		封面
7月	⟷	橘色
8月	⟷	花紋
9月	⟷	藍色

只要將什麼時候使用什麼樣封面的筆記本串聯在一起，想找某些情報時就很方便了。

②內容

也可以將內容加以數位化做管理。如果覺得把所有的情報都數位化太過費時，就只要嚴格地篩選重要的內容加以數位化即可。在寫筆記本的階段，只要知道這是很重要的書頁也就夠了。數位化的方法可以用數位相機拍攝下來，或者用掃描器加以掃描，保存於電腦中，以便日後知道書寫的日期。

4 商務筆記本的重點①

筆記本的空間要足夠

記住要大範圍使用空間，
寫出容易檢視的筆記本

剛開始寫筆記時經常發生的狀況就是，文字寫得過於擁擠，日後要檢視時變得很吃力。或許一開始能寫出整齊乾淨的筆記本的人不多，但是只要記住訣竅，空出行距，以寬鬆的範圍來書寫的話，漸漸地就可以寫出方便檢視的筆記本。筆記本的優點之一就是跟手冊不一樣，可以使用大範圍的空間。只要活用這個優點，日後也可以做補充，成為一本可以預防工作上出現漏失的強而有力的筆記本。

☐ 寬鬆書寫筆記本的優點

想要日後能方便地檢視筆記本，寬鬆地書寫當然是要素，但是留白也是寫筆記本時非常重要的重點。多用一點心，製作一本寫完之後依然可以派上用場的筆記本。

充分留白的筆記本不但方便檢視，
日後也可以補充必要的事項。

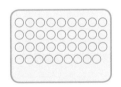

擠滿文字的筆記本不易檢視。如此一來，搜尋的效果也會跟著降低。日後要補充資料也難上加難。

□ 日後方便補充的筆記本的作法

① 事先留下空白處

在距離筆記本的右端7cm處畫一條直線，事先留下空白，使用起來會很方便。
舉例來說，萬一出現不懂的單字，就寫在空白處，事後再進行調查。

② 主題改變，就換頁書寫

舉例來說，原本是針對某個主題書寫，而很明顯地日後有補寫的必要性時，
下個主題就不要直接寫在下方，最好從另一頁寫起。如此一來，可以確保日
後補寫所需要的空白處。

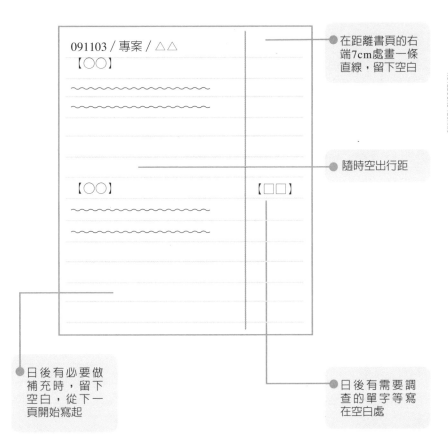

091103 / 專案 / △△
【○○】

在距離書頁的右端7cm處畫一條直線，留下空白

隨時空出行距

【○○】　　　　【□□】

日後有必要做補充時，留下空白，從下一頁開始寫起

日後有需要調查的單字等寫在空白處

5 商務筆記本的重點②

文章要簡潔

記住要點，
寫在筆記本裡的文章要簡潔

只要看過能夠順利推動工作的人所寫的筆記本，就會發現裡面往往沒有冗長的文章。多半是出人意料之外地簡單明瞭。而且，書寫的方式總是讓人一看就可以掌握整個內容。只要記住寫在筆記本裡的文章要簡潔，寫出來的文章自然就會很簡單扼要。只要養成習慣，簡單提點出要點就不再是一件難事了。而且不管針對什麼事，往往就會很自然地意識到要點所在。這是毫無漏失地順利推動工作所不可或缺的技能。透過在筆記本裡簡單地寫文章的訓練，把這種技能落實為自己的東西吧。

☐ 何謂簡潔的文章

不用刻意去計算，但是記住以30～50個字為標準，寫出「簡潔的文章」。1篇文章裡只有1個主詞，接續詞也限於1個或2個。此外，文章的語氣要肯定，盡量避免乍看之下不明就裡的表現方式，譬如使用雙重否定型等。

簡潔的文章	文章簡潔
☐30～50個字為標準	↓
☐主詞、接續詞都只用到1個	內容容易掌握
☐肯定的語氣	可以順暢地重新檢視
	↓
	有效率

☐ 以直接的表現方式來書寫，避免橫生誤解

費了很多的工夫所寫出來的內容在事後回頭審視時卻做了錯誤的解讀，如此一來，就等於是功虧一簣了。最好避免使用曖昧的表現方式，直接的方式表達出來就可以了。如此一來，也比較容易鎖住要點。

避免曖昧的表現方式

> A案遵循上次的檢討內容來推動，結果反映在市場上。
> 有8成的專案成員支持A案。

避免曖昧的表現方式，直接地表現出來。此外，1段文字以30～50字為標準。

文章不宜冗長

> A案是遵循上次的檢討內容所推動的修正方案，結果雖然反映在市場上，但是，此案並沒有獲得所有人員的贊成。

文章中使用了「雖然」或「但是」，使得文章過度冗長，恐有產生誤解之虞。

☐ 簡潔的文章容易訂正

寫在筆記本中的內容如果需要追加或修正時，就必須補寫，以方便檢視。此時，簡潔的文章在補寫、閱讀方面就佔了很大的優勢。所以，文章要極力確保簡潔。

○○○○○○○○○○○○○○○○
○○○○○○○○○○○○○○○○
○○○○○○○○○○○○○○○○

有時候也需要檢視訂正之前的文字，所以不要整個塗黑或用修正液遮蓋掉，畫出雙橫線即可。

○○○○○○○○○○○○○○○○ 內容訂正。
○○○○○○○○○○○○○○○○ ←090927 / 企劃 / □□
○○○○○○○○○○○○○○○○
○○○○○○○○○○○○○○○○

別的地方有追加情報時，一定要寫得清楚明瞭。

6 商務筆記本的重點③

情報要逐條書寫

以正確的內容
活用逐條書寫的特性

前面已經介紹過「文章要簡潔」的重要性，但是文章並不需要高度地整合。只要內容正確，逐條書寫也無妨。想要巧妙地活用逐條書寫的特性，可用逐條書寫的方式來表現，譬如要寫某項事物的順序時，就標上①②③的號碼。如此一來，不但可以很容易地一眼就看清楚，而且也可以檢視自己是否真的理解這個順序。這種檢視的機能可以預防產生本以為自己已經很清楚，事實上並沒有真的搞懂，以至於造成失敗的狀況。所以筆記本最好盡量以逐條書寫的方式來寫。

☐ 逐條書寫的優點

一邊書寫，一邊整理腦袋

逐條書寫除了日後方便檢視之外，還有1個優點。那就是一邊書寫的當兒，自然而然地就可以同時整理腦袋。實際採用逐條書寫的方式寫筆記本時就會知道，為了能夠井然有序地逐條書寫，自己就會很自然地針對所寫的內容做一個整理。

☐ 逐條書寫的重點

只要採用逐條書寫的方式，即便是要花腦筋寫成的文章，寫起來也可以變得揮灑自如。所以，可以逐條書寫的內容就盡量採用這種方法。

列清單	提示流程

3月份發售的新產品的特點

- ・價格低廉
- ・簡便輕巧
- ・可連接各種製品
- ・耗電力低
- ・環保

搬家前的準備程序

- ①尋找新房子
- ②委託估價
- ③辦理手續
- ④決定新房子裡的行李配置
- ⑤打包行李

文章開頭標上「・」「□」等固定的符號

提示流程時要標上號碼

文章要簡短

書寫的內容　➡　逐條書寫

整理內容

注意漏寫

逐條書寫再怎麼輕鬆，如果漏寫了重要的要素，那就回天乏術了。記住重點不在減少書寫的量，而是不可遺漏重要的要素。

7

商務筆記本的重點④

寫上日期／分類／內容

讓筆記本具有搜尋作用，
將筆記本的價值提升到最大限度

寫了再多的筆記本，如果完全搞不懂什麼內容寫在什麼地方的話，這本筆記本的價值就減半了。也就是說，讓筆記本具有搜尋作用可以使筆記本的價值做最大限度的活用。而支撐搜尋效果的便是索引。索引最終還是要用電腦建立資料，以便用來進行搜尋，所以製作筆記本時要遵循這個原則。只要能寫出具有高度搜尋效果的筆記本，就算遺忘了什麼內容，只要回頭檢視筆記本，立刻就可以找到所要的東西。

☐ 寫上日期等，以便日後能夠搜尋

每一個項目都要寫上
日期／分類／內容

要提高搜尋效果，重點在於每寫上一個項目，都要附上日期／分類／內容等。只要寫上這些東西，日後就可以製作方便搜尋的索引了。

日期

分類

內容

養成寫任何內容
之前都先寫上日
期的習慣

日期

以6位數來統一標示

日期以西曆的後2位數＋月份2位數＋日期2位數，一共6位數來統一。採用這種標示，不但容易製作索引，搜尋起來也方便多了。

2009年	10月24日
09年	10月24日
平成21年	10月24日

091024

分類

以方便搜尋的方式來分類

寫上日期之後，再寫上內容的分類。事實上，這個方法在搜尋情報時很有助益（參考P.191）。但是，如果分類過度反而會造成反效果。分類的程度會因使用者而有不同，但是宜控制在15～25之內。右表中的分類方法就是一個例子。

企劃	關於企劃事宜。一旦決定是什麼企劃時，就標上「企劃＿○○」
資料	一旦決定使用於何處的資料，就標上「資料＿△△」即可
內容	關於想要去的地點或今後想嘗試的興趣的內容

NOTEBOOKS TECHNIC 筆記術

內容

以一眼就可以了解的方式做整合

分類之後，以一行文字來整合所寫的內容。重點在於放進具體的關鍵字。日後回頭審視或者搜尋某個內容時也可以派上用場，所以要記住這件事。

實際書寫日期 / 分類 / 內容

091024 / 資料 / 商品E的銷售地區

2009年10月24日針對「商品E的銷售地區」來書寫，做為資料來使用。

8 商務筆記本的重點⑤

從結論先寫起

「從結論先寫」的習慣
可以提升工作速度

一旦開始寫筆記本，寫在筆記本當中的內容也會跟著增加。所以，此時要記住的一件事情就是「從結論先寫」。如果能徹底實施，回頭審視筆記本時，掌握其內容的速度應該就會呈飛躍性的提升。一定要養成這個習慣。此外，這種「從結論先寫」的習慣在各種商務場合中也會派上用場。不但可以運用在談話方式上，而且也會很自然地就讓人意識到內容的結論。把重點放在結論，以結論為優先導向，做為推動工作時的態勢，將會非常有效果。

☐ 從結論先寫的理由

▌從結論先寫的
▌優點

☐ 會意識到結論是什麼
☐ 日後回頭審視時可以一目瞭然
☐ 容易對人說明內容

寫筆記本時，要從結論先寫起。因為日後回頭審視時，一眼就可以了解內容是什麼。相反的，如果不看到最後就無法了解結論為何時，就要花很多時間去掌握內容，這是非常沒有效率的作法。

從結論先寫的文章構成

寫文章時先陳述結論或要點。然後再使用一般理論或具體實例來說明理由或佐證。最後再度陳述結論，同時進行確認。

1 先提示結論、要點

> 商品A的目標應該從單身貴族轉換為主婦。

簡潔地從結論開始陳述

2 使用一般理論或具體實例來說明理由、佐證

> 分析市場調查的結果，商品A的消費顧客層前年從單身貴族轉移到主婦階層。此外，生活周遭也經常聽到「想要類似針對家庭生活設計的商品A那樣的東西」的聲音。

陳述得到該結論的理由。此時要提示客觀的事實或資料。此外，也可以舉出自己的體驗等具體實例

3 反覆整合結論

> 基於以上的理由，認為商品A的目標應該轉移至主婦層。

整合結論，同時做確認

NOTEBOOKS TECHNIC 筆記術

透過標題和開頭就可以知道內容　寫筆記本等與商務相關的文章時，養成先寫結論的習慣，目標是塑造一個只要看標題和開頭就知道內容的狀態。

---

9 商務筆記本的重點⑥

遵循 5W2H

記錄事實的重點是5W2H

剛開始寫筆記本時，可能什麼東西都想寫下來，落得辛苦異常。此時不妨把重心擺在5W2H（參考P.171）上。根據5W2H寫筆記本時，就不用擔心會漏掉必須實際確認的重點。此外，在商談中必須決定的事情、報告書、企劃書等必須要寫的東西自然而然都會一清二楚了。關於5W2H，如果有不明白的地方，就要立刻找懂的人進行確認。如果沒有及時確認，可能就更不容易問清楚了。

☐ 如何正確地掌握情報

正確書寫情報的重點

☐ 事實和推測要分開書寫
☐ 遵循5W2H
☐ 意識到要點何在

寫在筆記本裡的情報必須是正確的。所以要注意，不能將事實和臆測混在一起寫。自己的想法要和事實分開來書寫，寫事實時要根據5W2H（參考P.171）的要項。

DATA
資料

Q 曾經因為沒有根據5W2H來寫筆記本而遇到問題？

在實際的商務場合也有陷入瓶頸的案例

否 44%　有 56%

公司內部調查
（以100名上班族為對象）

所謂的5W2H是記錄或傳達情報時經常會被拿來使用的確認項目。遵循5W2H來進行確認，可以預防遺漏重要的事情。

Why 為什麼
以企劃書而言就是企劃的目的、目標

What 做什麼
以企劃書而言，就是企劃的具體內容

Who 誰
以企劃書而言，就是負責人和目標

Where When 哪裡、何時
以企劃書而言，就是場所、行程

How 如何
以企劃書而言，就是實行的具體方法

How much 多少錢
以企劃書而言，就是預算金額及其明細

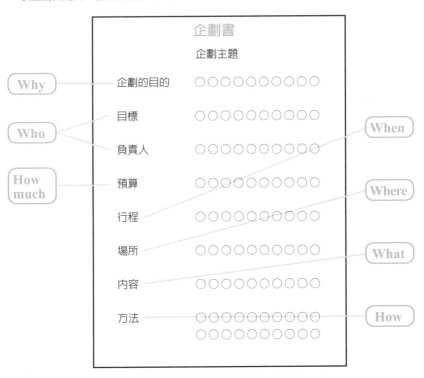

CHAPTER3

10

把工作的 PDCA 寫在筆記本上

把PDCA寫在筆記本上，確實地提升實力

你是否有過這樣的痛苦經驗？明明做的是同樣的工作，可是不知道爲什麼，卻只有同期的同事培植了實力，獲得成功。同期的同事爲何能夠提升實力呢？原因或許在於他不斷地累積自己的經驗和知識，把這些東西當成自己的財產。要把透過工作所獲得的寶貴經驗和知識確實地變成自己的東西，寫筆記本這種方式是相當有效的。在筆記本當中做記錄時，重點就是要意識到PDCA（參考P.173）的存在。寫筆記本時如果能意識到PDCA，經歷過沉痛的過程所獲得的經驗就不會白費，點點滴滴都會成爲你的血肉。

☐ **把經驗儲存在筆記本中的優點**

把檢查和改善的經驗寫在筆記本中

PDCA（參考P.173）是在工作的過程中應該要遵循的階段。當中，對寫筆記本最有助益的是C（檢查）和A（改善）這兩個階段。當狀況順利時，記錄下做得不錯的部分（C）和有待改進的部分（A）。而當狀況有問題時，則記錄下問題點（C）、改善點（A）。

>))) 採訪 上司・先進篇
> INTERVIEW
>
> **Q** 把工作上的經驗寫在筆記本中而產生助益的案例？
>
> 「執行和過去經歷過的事情一樣的工作時，有助於確認其方法和程序。」
> JTB 總公司經營管理人　34歲　男性

□ 何謂 PDCA

推動工作時，遵循PDCA的階段是很重要的。順序分別是P（計畫）、D（實行）、C（評價）、A（改善），重點在於A又和下一個工作的P緊密串聯。

Plan 計畫

開始推動工作之前，明確目的和結果。寫在筆記本上，製作行程計畫。

Do 實行

實行在P的階段中擬定的計畫。一邊確認行程，一邊將工作的內容記錄在筆記本中。

Act 改善

針對反省點，思考改善的對策和產生比較好的結果的方法。把經驗活用於下一個工作當中是很重要的事情。

Check 評價

檢視是否達成了目標？是否按照計畫進行？將結果和反省點寫在筆記本上，為工作的成效做評價。

工作之後，將PDCA整合在筆記本上

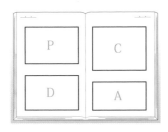

結束一個工作之後，將PDCA簡要地整合在筆記本的對開頁，日後就可以一目瞭然。也就是說，做過的工作將成為自己的財產。

))) 採訪 上司・先進篇 INTERVIEW

公司方面尋求的是
懂得遵循PDCA的階段的人才

「推動工作時，遵循PDCA的階段是非常重要的。因為可以看到工作的整個流程，所以即使在遇到瓶頸時，也可以掌握原因所在和應該如何改善。此外，當有人問起工作狀況時，也可以明確地回答。基於這種種原因，公司方面會尋求懂得遵循PDCA階段的人才。將過去工作的PDCA寫在筆記本上會對同樣的工作產生極大的助益，非常有用。」
MyPen科技　社長　男性

11

把讀書活用在
工作上的筆記術

寫筆記，
以便把書本的內容做最大限度的活用

讀書具有得到新的知識、可以客觀地、多面性地觀看事物的效果，而這些事情都會對工作造成很好的影響。對上班族的成長而言，讀書可以說是不可或缺的要素。而為了要提升讀書的效果，就不能只是漫不經心地看過就算，應該要在閱讀過後，寫下筆記。但是，寫筆記本並不是概括式地把所讀的書本的內容寫出來。而是要能夠讓自己活用書本裡的內容。

☐ 看書之後，要記錄在筆記本中

看書的過程中，若發現內容有助於工作，就寫在筆記本中。不要想得太難，只要把書名和內容等可以鎖定該本書的情報記錄下來就不成問題了。

閱讀書籍之後寫筆記的優點
☐ 對客戶說明某件事情時，可以使用的例子材料增加
☐ 發現意想不到的事情，衍生出新的企劃
☐ 可以推薦給他人的書本增加

☐ 把讀書和行動串聯在一起的筆記術

我們從所閱讀的書籍中可以學到很多事情，把這些事情具體地化為行動的方法列出一張清單。如果花了很多的時間從閱讀的書籍中學到一些事情，卻不能把所學付諸行動的話，那就沒什麼幫助了。唯有付諸行動，才能將從書籍中所學到的事情有效地加以活用。

從讀書中學到的事情

☐ 提供有用情報的業務員會獲得好評

☐ 每個人對業務員的要求不同

☐ 深度了解推銷的商品是很重要的

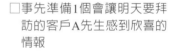

實際上如何採取行動

☐ 事先準備1個會讓明天要拜訪的客戶A先生感到欣喜的情報

☐ 整理自己所巡迴拜訪的各個客戶有何需求

☐ 各以100個字左右的長度說明商品的優缺點

 DATA 資料

Q 閱讀書籍之後有寫筆記的習慣嗎？

閱讀書籍之後有寫筆記習慣的人很少。

公司內部調查（以100名上班族為對象）

閱讀有助於成長

在閱讀書籍之後會寫筆記本的上班族似乎很少。也就是說，只要能活用筆記本，把閱讀這件事和自我成長緊扣在一起，就會成為超越勁敵的機會。

CHAPTER3

12

提升自我投資的
效果的筆記術

透過寫筆記本，
提高對自我投資的意識

現在有很多上班族致力於自我投資而參加了取得專業證照的學習課程或
研修會等，期望能提高工作上的技能。任何人之所以做自我投資，當然
都是想要獲得更大的成果。但是，只是參加資格考的學習課程或者只是
參加研修會，就想要獲得如預期般的重大成果，這是相當困難的事情。
想要提升這些自我投資的效果，巧妙活用筆記本是很重要的事情。透過
寫筆記本可以提高做自我投資的意識，可有效地提升技能。

□ 如何在資格考試中獲得成果

如何才能有效地學習，在不花費太多時間的情況下，通過資格考試？以
下介紹方法。

把目的、期限、活用方法寫
在筆記本上

想要通過資格考試，在有限的時間
之內有效率地學習，明確地意識到
目的、期限、活用方法是非常重要
的。事先把這些要素寫在筆記本
中，就可以強化意識。

① 為什麼要取得資格
（明確的目的）

② 取得資格的計畫
（設定期限）

③ 如何活用資格
（活用方法的具體化）

參加研修會之前應該寫下的事情

如果沒有收穫，參加研修會就沒有意義可言了。為了避免發生這種事情，有些事情應該在事前就寫在筆記本上。

① 面臨的問題

將自己目前面對的課題或擔心的事項簡單地寫出來，就可以獲得許多與問題相關的「破口」（弱點）。

② 應該在研修會上獲得的內容

事前就要確認想要在研修會中得到什麼東西，對該內容就會變得比較敏感，可以有效地吸收。

參加研修會之後該做的事情

將在研修會中獲得的內容化為行動清單

將在研修會中獲得的內容化為行動清單，強化實行的意識。

調查在研修會中出現的不明單字

當天之內就要查出來。先透過網路搜尋就綽綽有餘了。重要的是不要忘了當天就要查清楚。

DATA
資料

學習內容
從後方書頁使用起

為了學習而寫筆記，譬如參加資格考試時，就從商務筆記本的後方開始使用起。使用商務筆記本做為學習使用，可以有效地利用瑣碎的時間。

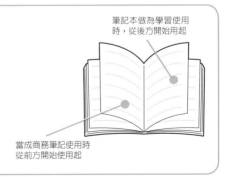

筆記本做為學習使用時，從後方開始用起

當成商務筆記使用時，從前方開始使用起

CHAPTER3

13

以畫圖的方式
來整理思緒

把思緒視覺化，
掌握整體像

工作速度快的上司或先進往往都會在筆記本上畫圖。這是因為這樣一來有助於將思緒視覺化，掌握思緒的整體像。此外，當我們在整理思緒時，往往會陷入一種困境，那就是自以為思緒已經經過整理了，然而事實上思緒卻漫天飛舞，在無意識的情況下有一種執迷，以至於限制了思緒的幅度。為了避免發生這樣的情況，試著把圖畫在筆記本上是非常有效的。養成把圖畫在筆記本上的習慣，以期能有效率地整理思緒。

☐ 把圖畫在筆記本上的優點

想整理思緒時，或者思考某件事卻遲遲無法整合時，就在筆記本上畫圖吧。這種方法只要有筆記本和筆就可以做到，非常簡單，而且還有各種不同的優點。

① 思緒獲得
活性化

活動手臂，就可以透過運動神經，對腦部造成刺激，能有效地活化思緒

② 日後可以
回頭審視

看到手繪在筆記本中的圖，就可以回想起當時是怎麼思考的

③ 可以隨時畫出線條
或四方形、圓形

和電腦或手機不同，可以立刻就畫出圖形，而且也可以重新修正

☐ 簡單的畫圖方法

重要的是
先試著畫圖

沒有畫圖習慣的人或許不知道要畫什麼才好。但是，畫圖其實不難，只要用線條或四方形、圓形等很簡單的要素就可以構成了。首先最重要的就是嘗試去畫。舉例來說，最簡單的一種圖就是分割成3個要素的圖表（右圖），這樣一來，就可以把事物分成3部分來加以整理，或者把其中之1欄空出來，當成創意工具。寫法就是在設定某個主題之後，如右圖在其下方畫出3個框框，在框框當中寫上構成該主題的要素。

分割成3個要素的圖

讓專案成功的要素

執行可行的計畫

保有高度動機　　彈性應對變化

把事物分成3個要素來思考時可以立刻畫出來的圖。實際嘗試去描繪，腦海中的思緒就可以獲得整理。

☐ 畫圖時很重要的事情

按照理論，
正確地把圖畫出來

畫圖時很重要的一件事不是畫得好不好，而是就理論上而言是否合理。畫圖時要確認是否合乎理論。此外，畫出符合理論性的圖可以讓自己的思緒獲得整理。當畫好圖時，不代表事情就此結束，要重新檢視，以期可以更理論性地進行圖解，成為一種培養理論性思考的訓練。此外，保有「如何才能畫出簡單明瞭的圖」的觀點也可以培養根據理論來說明事物，以便讓他人理解的能力。

畫圖可以獲得的效果

思考以什麼方式畫圖可以讓這個思緒變得具理論性，而這個思考動作的本身也經過整理，變得具理論性。

□ 畫邏輯樹以檢討解決對策

想解決重大的問題、複雜的問題，但是又不知如何是好時，就用邏輯樹來分解、整理吧。

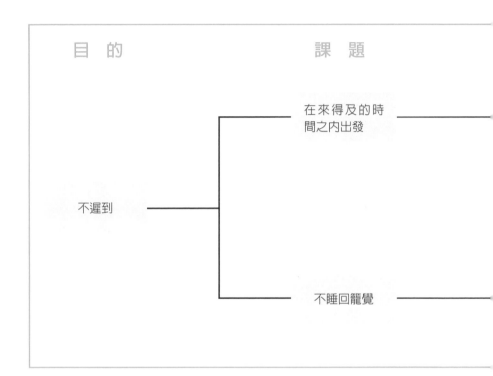

畫法

❶　在左側畫出四方形的框框，把「目的」（例：不遲到）寫在裡面

❷　思考要達成❶中所寫的目的時應該要通過的「課題」是什麼。根據這個「課題」，將❶的框框往右方延伸分枝（例：在來得及的時間之內出發。不睡回籠覺）

畫邏輯樹時的
注意要點

□拉出分枝時要避免出現遺漏或重複的狀況
□一旦有了解決對策，就決定優先順序來實行
□一再嘗試修正，直至出現可以接受的答案為止

問題點	對策
無法掌握到達目的地的時間	○調查移動所花費的時間 ○可以在前一天做好的準備工作要全部做好 ○最低限度的準備工作結束之後，就立刻出發
做準備工作，出發時間遭到延遲	
沒有高品質的睡眠	○徹底確保睡眠時間 ○努力保有深度的睡眠

NOTEBOOKS TECHNIC 筆記術

❸ 思考要解決在❷中所寫的課題時的「問題點」何在。根據這個「問題點」，將❷的框框往右方延伸分枝（例：無法掌握到達目的地的時間、做準備工作，出發時間遭到延遲、沒有高品質的睡眠）

❹ 思考在❸中出現的問題點的解決對策（例：調查移動所花費的時間、可以在前一天做好的準備工作要全部做好、最低限度的準備工作結束之後，就立刻出發、徹底確保睡眠時間、努力保有深度的睡眠）

□ 以矩陣來分類、整理

想整理複雜的事物時，不妨嘗試畫矩陣。這是一種將事物分割開來的圖表，所以適合用來做整理的工作。

何謂矩陣

矩陣是將正方形加以分割而成的格子狀圖表，從縱軸和橫軸兩個觀點來表現一個事物。縱軸和橫軸的標準是按照畫圖的目的來決定的。

畫法（參考右圖）

①將正方形加以分割，畫出格子狀的圖表
②決定縱軸和橫軸的項目（例：路徑、新進人員、法人營業、個人營業）
③將符合的要素分別寫進4個區塊當中（例：參考右圖）

	法人營業	個人營業
路徑	社員A	社員B 社員D
新進人員	社員E 社員G	社員C 社員F 社員H

只要把各項要素分類到各個區塊，就可以毫無遺漏地掌握所有營業人員的任務。

□ 使用格子狀的圖表來做比較的方法

做商品比較時，畫出格子狀的圖表

格子狀的圖表也能有效地運用在商務場合中經常會有的商品或創意的比較上。舉例來說，假設情報是「商品A價格低廉，消耗電力少。商品B有優良的耐久性、設計性獲得高度評價」，現在要拿這2種商品做個比較。此時，如果以右圖的模式來做比較的話，立刻就可以看出不清楚的部分，預防檢討時的漏失。

	商品A	商品B
價格	便宜	不明
耐久性	不明	優質
設計	不明	高度評價
消耗電力	少	不明

□ 使用矩陣進行的 SWOT 分析

有一種方法可以掌握公司內部所處的狀況，那就是使用矩陣進行SWOT分析。這個作業要定期進行，當成今後的指針。

用來進行 SWOT 分析的矩陣的寫法

①將正方形分割開來，畫出格子狀的圖
②將SWOT寫進各個區塊當中（參考右圖位置）。把自家公司的優、缺點寫進S、W的部分
③在自家公司的環境當中，可望成為商機的寫上O，可能造成威脅的寫上T

S	W
· 商品本身具有個性 · 公司具有歷史	· 生產成品高 · 無法掌握銷售情報
O	T
· 可以在便利商店經銷商品 · 沒有和大型製造商競爭	· 業界本身有瓶頸 · 難以開拓新市場

遵循 SWOT 分析，思考今後的方針

①將S和O組合起來

透過將S（自家公司的優點）和O（商機）的要素加以組合的作業，可以找出可望站上頂尖位置的領域。

②將W和T組合起來

透過將W（自家公司的缺點）和T（成為自家公司的威脅）的要素加以組合的作業，可以預測公司內部可能會發生的最惡劣事態。

□ 畫位置圖

整理商品的定位

位置圖是透過將縱軸、橫軸組合而成的圖表來幫對象物簡單定位的工具。在整理自家公司的商品和競爭公司的商品的定位時非常好用。將價格（高、低）或消費者對商品有何認知（適合家庭、適合單身）等放在軸線上（參考右圖），就可以整理出各個商品的定位。

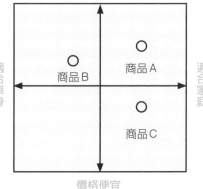

CHAPTER3

14

利用筆記本
思考企劃

將激發創意的作業和整合於企劃書的
作業區分開來

你是否有過這樣的經驗？坐在電腦前面，想要製作企劃書，可是不知為
何，遲遲沒有進展，只是無端地浪費了許多時間。如果你有這種經驗，
不妨試著將腦海中的創意都寫在筆記本上。把創意都寫在筆記本之後，
再集中精神在整合的作業上，這樣一來比較能夠有效率地擬定企劃。此
外，當創意遲遲無法擴展，備覺艱辛時，活用筆記本也會比較有效。也
可以使用心智圖（參考P.186），以1個關鍵字為線索來放大創意。

☐ 用筆記本來激發創意的理由

把想到的事情寫在
筆記本上

思考企劃時，把想到的事情都源
源本本地寫在筆記本上，就算只
是一個單字也好。如果沒有明確
地寫出來，只是企圖在腦海中進
行思索的話，可能會落到重複思
考同樣的事情的下場。把想到的
創意形諸文章或圖表，進一步放
大，或者加以整理整合成企劃
書。

 採訪 上司・先進篇
INTERVIEW

Q 使用筆記本
思考企劃的優點？

「可以將創意明確地寫出來，透過視覺化
或形諸圖表，會比較容易想像。」
　　　PASONA集團 宣傳室　25歲　男性

透過筆記本將創意再利用

一旦養成透過筆記本來思考企劃的習慣，就可以將已經寫出來的創意或圖表再利用。

把創意寫在
筆記本上

把創意文章、
圖解化

再利用

把創意或圖表寫在筆記本上之後，寫出來的東西就會被儲存起來，日後擬定企劃案時將大有助益

留下不被採用的
材料

整合於企劃書

圖解執行企劃案的流程

執行新企劃案時，畫出區分、整理程序的圖表有助於順利地推動內容。

寫法

①決定要把順序分成幾個階段。在橫軸上畫出本疊板型的箭號，數量與區分的階段相同（右圖中分成8月、9月、10月3個階段）

②縱軸上寫上分擔程序的隊伍（右圖中分為A隊、B隊、C隊、D隊）

③如右圖所示，把②中寫出來的隊伍負責哪些事情寫在①中所區分出來的每個階段當中

	8月	9月	10月
A隊	調查市場狀況	法人營業	調查營業額
B隊	向業者下訂	商品完成	針對個人營業
C隊		決定廣告戰略	廣告活動
D隊	決定銷售區域	完成賣場部署	

想寫企劃書，卻不知道從何下手時，活用心智圖會非常有效。根據企劃的關鍵字，勾勒出應該寫在企劃書上的要素。

何謂心智圖

心智圖是一種把根據某個關鍵字所發想出來的事情寫出來，放大思緒的方法。具體而言，就是把關鍵字放在圖的中央，將各種用語以放射狀串聯起來，使思緒視覺化。

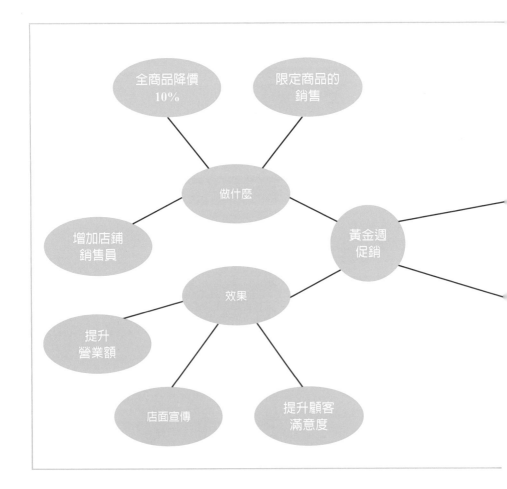

在筆記本上畫心智圖時的
注意事項

☐從關鍵字拉出來的分枝限定在4～7項。數量過多，會導致思緒難以擴張
☐心智圖最多也只能整合在1頁筆記本上，以便可以一覽無遺
☐當有關鍵字以外想要擴張的要素出現時，就以該要素為關鍵字，在新的書頁畫
　出心智圖

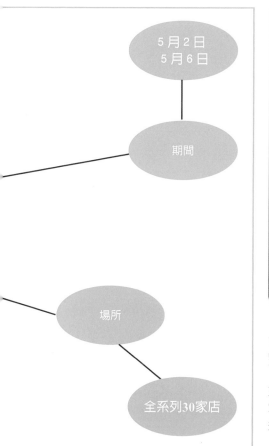

畫法（參考左圖）

❶把關鍵字寫在中央（例：黃金週促銷）。

❷在❶中所寫的關鍵字四周，以樹枝狀寫出企劃所需要的要素（例：做什麼？效果、期間、場所）等。

❸從❷中所寫的要素拉出更具體的要素（例：限定商品的銷售、全面商品降價10％、增加店鋪銷售員、提升營業額、店面宣傳、提升顧客滿意度、5月2日～5月6日、全系列30家店）寫上去。

可以掌握思緒的整體像

如左圖所示，透過畫心智圖，可以掌握思緒的整體像，做為寫在黃金週促銷的企劃書中的要素。

15

預防麻煩再度發生的
筆記術

一旦失敗，
就將防止再度發生的對策寫在筆記本上

當你在工作上發生失誤而感到沮喪時，是否發現自己過去也發生過同樣
的狀況？遇到失敗時，就算下定決心，不讓自己再犯同樣的錯誤，如果
沒有擬定對策，還是會一再遇到同樣的事情。如此一來，就會失去上司
或顧客的信任。為了避免再犯同樣的錯誤，將內容和預防對策寫在筆記
本上是非常有效的作法。因為這樣一來，可以客觀地分析失敗的原因，
擬定預防再度發生的對策，將之具體文字化。而發生過的失敗經驗也不
會浪費掉，可以做為下個機會的注意事項。

☐ 使用筆記本解決問題

解決問題時的重點在於全面性、有效率、適當地應對。為了達到這個目
的，要將應對的內容寫在筆記本上。

將客訴的應對方式 列出清單	有效地解決 問題
將應該如何應對客訴一事列出清單。這樣一來就可以預防應對產生漏失，下次遇到同樣的事情時，先按照清單上所列的事項徹底執行，就可以預防再發生同樣的客訴。	除了必須緊急應對的事情之外，還要客觀地分析問題的原因。分析之後，為了順利解決問題，要將應該採取的行動寫在筆記本上。然後決定先後順序，有效地加以解決。

□ 事前預防問題產生的筆記本活用方法

STEP 1

預防再度發生的
對策就是設下截止日

解決問題之後，為了預防再發生同樣的失敗，要擬定再犯對策。筆記本上要寫下失敗的內容、預防再度發生的對策、實行的截止日（期限）。設下截止日的目的是預防再度發生的對策遭到擱置。

STEP 2

確認是否潛藏著
類似的問題

解決問題，擬定預防再度發生的對策之後，還要把其他的工作狀況寫出來，確認是否潛藏著類似的問題。因為如果是以同樣的方法執行的工作，就有可能發生類似的問題。隨時早一步擬定預防對策，可以預防重大的問題發生。

NOTEBOOKS TECHNIC

筆記術

 DATA
資料

Q 是否將發生的問題
記錄在筆記本中？

不只是記錄，
更要擬定預防再度發生的對策

否 42%　是 58%

公司內部調查
（以100名上班族為對象）

大約有一半的上班族如實地記錄於「筆記本」中。

大部分的上班族都會以某種形式記錄下發生的問題。只要更積極一點，在筆記本上寫下預防再度發生同樣狀況的對策，就可以和四周的上班族拉開差距。

16

用電腦製作·
筆記本的索引

製作正確的索引，
提高搜尋效果

如何快速地找出必要的情報，這在使用筆記本上是非常重要的要素。也就是說，能夠提高情報的搜尋效果的索引是筆記本所不可或缺的存在。用電腦的TXT檔製作索引，列印出來之後粘貼於筆記本的內封面。想要搜尋過去的筆記本中的情報時，輸進TXT檔的索引就會發揮很大的力量（參考P.191）。做簡報的準備工作時，或者要進行商談之前等需要比較多的情報的情況下，你應該就會實際地感受到其重要性。

□ 索引所必要的要素

寫完1本筆記本之後，就要製作一份索引。索引所需要的要素是「第幾本筆記本」和「使用期間」、記錄到筆記本中的「日期」「分類」「內容」（參考P.166）。

```
<1>090423~090516                先輸入「第幾本」和「使用期間」
090423 / 企劃 / 中國的飲食生活
090423 / 內容 / 神樂坂的商店
    ⋮                           接著輸入記錄在筆記本中的「日期」
                                「分類」「內容」
<2>090516~090619
    ⋮                           下1本筆記本寫完之後，同樣要輸入
                                「第幾本」和「使用期間」
```

□ 把索引資料化

製作正確的索引資料可以隨時活用寫在筆記本中的內容。所以索引最好用電腦來製作。

▌輸入 TXT 檔當中

索引要輸入TXT檔當中。因為如果用手寫的方式記錄所有的索引，就要花費很多的時間。此外，檔案不要使用以WORD編輯的文字檔（檔案類型.doc）來儲存，要選用TXT編輯來處理的TXT檔（檔案類型.txt）。TXT檔的容量比較輕巧，可以節省作業時間。

▌列印之後將索引粘貼在內封面

TXT編輯（TXT檔編輯軟體）可以從網路上下載。如果只是製作索引，任何TXT編輯軟體都可以。把索引輸進TXT檔之後，列印出來粘貼在筆記本的封面內頁。

TXT檔和文字檔的比較

	txt	doc
檔案夾的大小	輕巧	笨重
圖片或相片的插入	不行	可
檔案類型	txt	doc
編輯軟體	TXT編輯	word

利用TXT檔來搜尋的例子

想要搜尋以前寫在筆記中的「商品A的原價」。

① 用TXT編輯來開啟輸入索引資料的檔案夾

② 把關鍵字設定為「商品A」進行搜尋

③ 點擊與「商品A」相關的地方。從中搜尋商品A的原價

　　＜4＞080924／資料／商品A的原價

④ 參考寫在第4本筆記本的08年9月24日的地方

CHAPTER3

17

將收集到的情報
儲存於筆記本中

粘貼於筆記本中的情報
有助於激發發想

很多上班族爲了收集情報而大量閱讀雜誌或報紙、電郵雜誌等。但是，就算看到了對工作上有幫助的情報，大部分也都會隨著時間而淡忘掉。那麼，花了時間和心血所做的情報收集也等於是失去了效果。爲了避免發生這種情形，儲存有益的情報就變得很重要了。如果有自己喜歡的文章或相片、插圖等的話，就剪下來貼在筆記本上。如此一來，在思考企劃時，就會有助於激發出新的發想。此外，在其他的場合應該也會派上用場。

☐ 活用情報時所需要的東西

情報儲存於筆記本中
可以獲得活用

收集再多的情報，如果無法加以活用的話，就失去意義了。此外，費了好多心血得到的情報如果不能融會貫通的話，就形同白費。爲了避免這種情況產生，可以使用筆記本來整理、儲存情報。情報一旦儲存於筆記本當中，必要時就可以立刻加以活用。

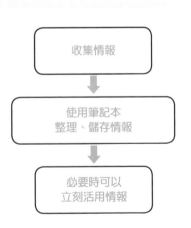

收集情報

↓

使用筆記本
整理、儲存情報

↓

必要時可以
立刻活用情報

□ 將雜誌或報紙的情報儲存於筆記本的方法

把報導或相片、插圖粘貼於筆記本中

如果發現有用的資料或雜誌、報紙的報導時，就粘貼於筆記本當中。透過這個動作，可以增加閱讀的機會，和其他的內容串聯起來，激發出新創意的可能性也會提高。此外，除了文字情報之外，相片或插圖等也可以貼在筆記本中。有時候視覺情報也會激發出比較好的發想。

想利用空檔時間閱讀的報導就放在筆記本的口袋裡

雜誌或報紙上的報導等，想看卻又忙得抽不出空來看的東西就放進筆記本上所製作的口袋當中。口袋的作法就是將剪成一半的透明資料夾粘貼於筆記本的內封面的內側。

在筆記本上製作口袋的方法

① 把透明資料夾如圖擺放，沿著虛線對半剪開

② 把①中A的部分朝上，用膠帶粘貼於筆記本上。A的部分只要把內側的部分粘貼起來即可

採訪 上司・先進篇　INTERVIEW

粘貼於筆記本時方便使用的膠水

把各種東西粘貼於筆記本上時，最好使用膠水，才能貼得平整不起皺摺。因為不粘手，也不會弄髒雙手或桌面，不會造成不必要的壓力。

DOT LINER 印章

只要像印章一樣一壓，尖端就會跑出膠水來。打開蓋子一拉，就可以使用，是非常方便的2way類型。

KOKUYO S&T

□ 儲存網路上的情報的方法

列印出來之後，
儲存於筆記本中

網路上或電郵雜誌的情報等看似有助益的東西都可以列印出來，粘貼在筆記本上。此外，想閱讀卻遲遲撥不出空來看的東西就跟雜誌或報紙的報導一樣，放進筆記本上所製作出來的口袋裡。

列印時的
注意事項

網路上的情報在複製 & 貼上成TXT檔之後，就列印出來。如果原封不動地列印出來，無關緊要的部分就會一起列印出來，數量會大幅地增加。如果先複製 & 貼上成TXT檔中，然後經過整理，就可以將張數控制在最低限度。

① 把想要的部分複製下來

想要的部分

網站列

將想要的部分複製下來。如果原封不動地列印出來，連標題部分或網站列、廣告等不必要的東西都會一併印出來。

☑ 檢視 CHECK

使用自粘便利貼來整理思緒的方法

①把創意寫在自粘便利貼上

寫在手冊上的創意如果就這樣擺放著，很可能就無法獲得活用。想要做好整理的工作，首先把1個創意寫在1張正方形的自粘便利貼上。然後，可能派上用場的創意就轉寫到筆記本上保存起來。另外，也可以採用②的整理方法。

寫在手冊上的創意

↓ 寫出來

1張自粘便利貼1個創意

↓ 整理

儲存於筆記本

---

② 貼到TXT檔上

出處

將在①中複製的東西貼到TXT檔上加以儲存。此時，部落格的標題或URL等可以知道內容出自何處的情報也會保留下來。

③ 列印

把在②中貼上的東西做換行等版面的調整，然後列印出來。

②使用筆記本和自粘便利貼
來整理思緒

我們也可以使用筆記本和在①中寫下創意的自粘便利貼來整理思緒。首先將自粘便利貼貼在筆記本的對開頁上。粘貼時，具有關聯性的便利貼要集合在一起，不相干的則要拉開距離。如此一來，便可做好整理思緒的工作，也可以集合創意，擬定1個良好的構想。

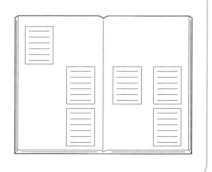

現場採訪
筆記術篇

畫插圖的
筆記本

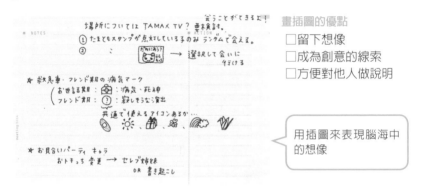

畫插圖的優點

□留下想像
□成為創意的線索
□方便對他人做說明

> 用插圖來表現腦海中
> 的想像

把喜歡的東西
粘貼起來

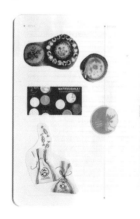

粘貼什麼樣的東西

□只要是好像能夠派上用場的東西都可以
□不限於雜誌，明信片、展覽會的票券等也可以

何時回頭審視

□想擴大創意時回頭審視
□思考商品包裝案等時可望成為線索

把可以喚起想像的相片、插圖粘貼於筆記
本上。有時候日後也會成為創意的激發
點。

寫得越多，
筆記本的內容就越會獲得改善

筆記這種東西也許在一開始並不能寫得很完善，但是寫得越多，就越會在內容上有所改善。本文中將讓各位見識到在商場上非常活躍的人所寫的筆記內容，希望其構成方式能成為大家寫筆記時的參考。

檔案

萬岱
女孩玩具事業部
原創團隊
女性

如何改善
筆記本的內容

BEFORE

可以改善的點
☐ 內容寫得很滿，可以再多留
　一些空間
☐ 用原子筆取代鉛筆來書寫，
　會比較容易閱覽

AFTER

寫筆記的重點
☐ 有充分的保留空間
☐ 附上小標題，方便日後
　理解
☐ 逐條書寫
☐ 畫簡單的圖案

待養成寫筆記本的習慣之後，就可以寫出比較好的筆記內容。因為要點做了整合，書寫的方式也方便日後回顧，所以可以說是非常有用的筆記本。

18

將日記活用於
商務場合

寫日記可以客觀地
審視自己

在你的職場當中，應該有工作表現得很好的人吧？譬如業務績效奇佳的
先進，或者是獲得四周人好評的同事等。這些人的共通點在於可以客觀
地審視自己、合乎理論地推動工作或對話。這些都是大家都知道，卻不
是那麼容易就可以實踐的事情。那麼，該怎麼做才能做到這些事情呢？
在筆記本上寫日記是很有效的方式。寫日記時謹守以下要介紹的重點，
養成一種習慣，這是很重要的觀念。

☐ 日記中寫些什麼好？

以客觀的觀點把當天發生的事情寫在日記裡。如此一來，就可以培養對
商務而言非常重要的理論性思緒了。

寫下 考察、感想	執行工作時，把當天所想到的事情、所感受到的事物都寫下來。此時要記住，要根據客觀的事實來書寫。感情用事地胡亂塗鴉無法培養理論性的思緒。
寫下與工作 相關的情報	執行工作時，如果得到有用的情報，就寫在當天的日記上。書寫時要客觀地思考工作與該情報有什麼樣的關係。累積這樣的經驗，就可以形成理論性的思緒。

□ 寫日記時的重點

如果想要把日記活用於工作當中，那麼寫日記時態度漫不經心是沒有助益的。那麼，可以活用於工作中的日記又是什麼樣的日記呢？

① 鎖定
要點來寫

這個也寫、那個也寫，這樣是沒什麼意義可言的。寫日記的目的在於保有客觀的觀點，培養理論性的思考能力。記住這一點，鎖定要點來寫。

② 標上與工作相關的
數字

以客觀的觀點來寫日記，卻不知道該寫什麼的時候，就先客觀地寫下情報——數字。

③ 每天
寫日記

如果沒有每天寫，日記的效果就減半了。因為每天回顧日記內容，將腦海中的事物做個整理也是日記的重要任務之一。

④ 不急著看到
成果

不是一開始寫日記，就可以立刻在表面上看到任何成果的。習慣性地整理每天發生的事情才是意義的重點所在。

□因為比平常提早2個小時開始
營業，所以業績提升

□C公司的D先生希望有比A案
更低價的計畫

□競爭公司B公司今夏的限定
商品S限定為300個

① 鎖定當天的工作重點來寫。從這個例子可以知道，下一次提出比A案更低廉的計畫給D先生就可以了。

② 當天的工作中如果出現數字，最好寫在日記當中。如此一來，有人問起就可以立刻回答。此外還可以養成意識到工作上的數字的習慣。

□　使寫日記變成一種習慣

沒有寫日記經驗的人要讓寫日記變成一種習慣是相當困難的事情。從簡單的寫法開始，循序漸進地養成寫日記的習慣吧。

STEP 1　將一天當中發生的事情分成A～E 5個階段來評價

把一天當中所發生的事情分成A～E 5個階段來進行評價，寫在筆記本當中，做為養成寫日記習慣的第一個階段。重點在於設定屬於自己的標準，譬如就整體而言，當天的工作進行得很順利的話，就得到最高評價A，如果錯誤太多，就得到最低的評價E。如果每天都拿到E的話，就代表工作的推動方式有問題。此時就要重新審視工作的推動方式或行程的擬定方式了。

5 / 8	B
5 / 9	E
5 / 10	A
5 / 11	D
5 / 12	B

STEP 2　把印象深刻的事情寫在日記上

養成按照A～E的階段來寫日記的習慣之後，接下來，除了分成A～E的等級之外，就再把當天最讓自己印象深刻的事情寫在日記當中。舉例來說，把當天最讓人印象深刻的事情和A～E（STEP 1）加以組合起來，如「公司內部簡報　A」「A公司預約　C」，就可以按照自己的方式來評價當天所執行的工作。如果沒有特別值得寫出來的具體事項時，寫「安排行程　D」「身體狀況　B」之類的大概狀況也無所謂。

6 / 4	公司內部簡報	A
6 / 5	A公司預約	C
6 / 6	安排行程	D
6 / 7	身體狀況	B
6 / 8	拜訪B公司	C

STEP 3　以逐條書寫的方式寫日記

養成用關鍵字寫日記的習慣之後，接下來就以逐條書寫的方式來寫日記。針對工作的內容或考察、感想等以逐條書寫的方式寫在筆記本上。舉例來說，如果日記上寫著「B公司的負責人重視成本遠勝於重視品質」時，那麼在思考提交給業務部的提案內容時，這件事可能就成為重點所在。以逐條書寫的方式來寫日記也可以充分活用於工作當中。

```
7 / 21   B公司的負責人
          重視成本遠勝
          於重視品質

7 / 22   業務部的E先生
          英語能力卓越

7 / 23   C公司的關鍵人
          士是D課長
```

STEP 4　寫3段日記

養成以逐條書寫的方式寫日記的習慣之後，接下來學習寫3段日記。書寫的重點在於針對當天的主要工作，第1段寫行動，第2段寫結果，第3段則寫感想。舉例來說，第1段寫「在期限到來之前提交企劃書給上司過目」，第2段寫「充分保有讓上司反映其意向的時間」，第3段則寫「企劃書的首要之務就是形諸於具體的形式」。

```
8 / 19   在期限到來之前
          提交企劃書給上
          司過目

          充分保有讓上司
          反映其意向的時
          間

          企劃書的首要之
          務就是形諸於具
          體的形式
```

養成習慣之後，
寫日記時就不用再特別拘泥於3段

可以輕鬆地寫出STEP 4中所說的3段日記之後，就算是養成寫日記的習慣了。之後就不用再拘泥於3段的限制，只要掌握要點來寫就可以了。

在日記上寫
積極的內容

積極地
回顧一天的工作

當我們仔細觀察那些順利地完成一件又一件工作的人時，往往都會發現，這些人隨時都保有積極的態勢。但是，這不是一蹴可幾的事情。當工作上出現失誤時，大部分的人不要說積極了，恐怕都會陷入沮喪的情緒當中吧？所以，為了讓自己在工作時能夠隨時保持積極的態勢，不妨也讓自己隨時可以寫出內容積極的日記吧。如此一來，我們的心情就會漸漸地變得正向。此外，只要隨時記住保持日記內容的積極性，自然地就會養成在一天的工作結束時，使心情保持在積極的狀況當中的習慣。就算因為工作上出現失誤而感到沮喪，也不會讓這種心情持續到第二天。

□ 避免有感情用事、退縮的表現

日記內容如果怠慢退縮，
連心情也會跟著低盪

寫日記時，明確區分事實和主觀意識是非常重要的，這樣才能在回頭審視時立刻確認事實關係。此外還要記住，寫在日記上的主觀的內容必須是正面的。因為，如果不斷地寫一些消極而沮喪的事情，心情也會跟著退縮，結果就無法以積極的態度去面對工作。寫日記時就針對失敗和反省的重點，連同對策一起寫下來（參考P.204）。

☐ 日記的內容以積極正面為中心

寫日記時除了要寫上失敗或反省的重點、對策（參考P.204）之外，還要盡量刻意寫正向的內容。

1 天的工作
✕ 簡報進行得不順利
◯ 簽下了1件合約
✕ 工作沒有進展到預期的目標
✕ 有客訴上門

選出成功的事情
以當天的工作當中成功完成的事情為中心，寫在日記當中。

抱持積極的態度面對工作
因為以成功完成的工作內容為中心來寫日記，所以心情也變得積極。

☐ 根據 3 個步驟來寫

如果遲遲寫不出內容積極而正向的日記時，就遵循以下的3個步驟來寫吧。只要格式確定，就可以輕輕鬆鬆地寫出日記了。心情自然地就會跟著變得積極。

今天發生的事情
今天在沒有前輩同行的情況下執行業務。我向第一次拜訪的C公司的D先生提出我個人相當有自信的A案，但是對方卻要求提出價格更低廉的計畫，以至於當場被拒絕了。

正面地解讀發生的事情
單獨執行業務也沒有什麼問題。不但可以掌握C公司的狀況，而且也知道了D先生所求為何。這些事情都算是一項收穫。

今後的希望
和經常與我一起執行業務的前輩商量，製作D先生所要求的價格低廉的B案計畫。然後，重新把B案提交給D先生。

CHAPTER3

20

一邊思考
一邊寫日記

每個人都希望自己可以更了解如何根據理論來思考事物。想要克服這個課題，寫日記是很有效的方法。資歷比較淺的菜鳥上班族中，有很多人對理論性的思考都感到棘手不已。因此，只要透過寫日記學會理論性的思考，就可以成為寶貴的人才，在商場上活躍了。舉例來說，在舉行會議或做簡報等的場合，當自己負責的工作領域遭到質詢時，就可以根據理論，明確而仔細地回答。此外，在職場上也可以合理地推動工作，更可以發現不合理之處而加以改善。

☐ 寫日記時要意識到原因所在

寫日記時要意識到事情的成因，這將會是培養理論性思考的重點。

原因

 思考事情發生的原因可以培養理論性的思考

發生的事情

萬一原因的部分產生變化

 思考事情的原因部分產生什麼樣的變化會導致發生的事情產生什麼樣的改變，這樣更適合成為培養理論性思考的訓練

發生的事情會產生什麼樣的變化

□ 將問題點和對策一起寫在日記上

如果在執行工作的過程中發生問題，就和對策一起寫在日記上。對下次發生問題時將會很有助益。

| 該如何思考
對策才好

思考問題的對策時要針對原因自問自答。如此一來，腦海中的思緒就可以獲得整理，導出對策。

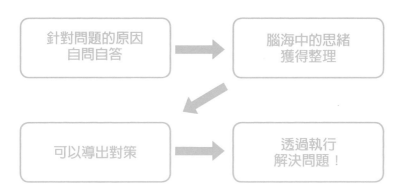

| 如何寫
問題和對策

將問題和對策同時寫在日記上，可以讓自己在面對工作時隨時意識到對策的存在。重點在於寫問題時不能感情用事。

CASE① 銷售成績不佳

問題	對策
增加花費在銷售活動上的時間也無法提升營業額	將自己實際上如何推動銷售活動做個整理，確實掌握。然後對照銷售活動和顧客所要求的東西是否一致。

CASE② 無法順利應對客訴

問題	對策
往往無法適時地處理上門的客訴，結果經常更嚴重地激怒客人	仔細思考前來提出客訴的人需要什麼，然後慎重地處理。此外，還要事先將如何處理經常會遇到的客訴列出清單，以期能夠適時地應對。

協 助 採 訪 的
企 業

MVPen 科技
股份有限公司
_____

KOKUYO S&T
股份有限公司
_____

JTB
股份有限公司
_____

電通
股份有限公司
_____

野村不動產
股份有限公司
_____

博報堂 KETTLE
股份有限公司
_____

PASONA 集團

___

萬岱
股份有限公司

___

吉本 FANDANGO
股份有限公司

___

商務諮詢
八木香

在 SONY 專責商用機器海外市場業務，之後，轉戰總公司經營戰略部
門，推動 IT、媒體事業／聯盟戰略。05 年 3 月起在北極星金融從事
投資、企劃管理。09 年 4 月獨立開業提供商務諮詢。

___

本書在製作的過程中，承蒙以上各企業的協助採訪。
在此致上誠摯的謝意。

國家圖書館出版品預行編目資料

圖解整理術 / SANCTUARY BOOKS著；陳惠莉
譯.——初版——臺北市：大田，民101.12
面；公分.——（Creative；041）
ISBN 978-986-179-270-5（平裝）

1.事務管理　2.檔案管理

494.4　　　　　　　　　　　　　　　101021538

Creative：041

圖解整理術
工作上85%的錯誤可以靠整理術解決！
作者◎SANCTUARY BOOKS
譯者：陳惠莉

出版者：大田出版有限公司
台北市10445中山北路二段26巷2號2樓
E-mail：titan3@ms22.hinet.net
http：//www.titan3.com.tw
編輯部專線（02）25621383
傳眞（02）25818761
【如果您對本書或本出版公司有任何意見，歡迎來電】
法律顧問：陳思成 律師

總編輯：莊培園
副總編輯：蔡鳳儀
執行編輯：陳顗如
行銷企劃：張家綺
校對：蘇淑惠／謝惠鈴／陳惠莉
印刷：上好印刷股份有限公司・（04）23150280
初版：2012年（民101）十二月三十日
九刷：2016年（民105）四月十五日
定價：新台幣 260 元

國際書碼：ISBN 978-986-179-270-5 /CIP：494.4 / 101021538

ZUKAI MISS GA SUKUNAIHITO WA KANARAZU YATTEIRU "SHORUI, TECHO, NOTE" NO SEIRIJUTSU
© 2010 Sanctuary Publishing Inc.
All rights reserved.
Original Japanese edition published in 2010 by SANCTUARY Publishing Inc.
Complex Chinese Character translation rights arranged with SANCTUARY Publishing Inc.
Through Owls Agency Inc., Tokyo.